口絵１　故郷シュルズベリーの図書館前のダーウィン像

口絵２　ジョスおじさんのメア屋敷
ここでウェッジウッド家の親戚たちと交流を深めた。

口絵３　ケンブリッジ大学・クライストカレッジのダーウィン像
身長や服装のみならず、テネリフェへ行けなかった無念の表情を含めて再現されている。

上：口絵４　ガラパゴス諸島のウミイグアナ
手法は素朴ながらもダーウィンは三つの独創的な実験を行なった。
下：口絵５　リクイグアナ
海と陸にそれぞれ適応したイグアナの存在は「最高の興味」をかきたて、進化論のヒントとなった。

口絵６　ガラパゴスフィンチの仲間
固い木の実（左）とサボテンの花（右）をエサとするために、それぞれの種でくちばしの形や大きさが特化している。今では進化論のシンボル的な存在だが、旅行中のダーウィンはフィンチ類の多様性とその重要性に気づいていなかったようだ。

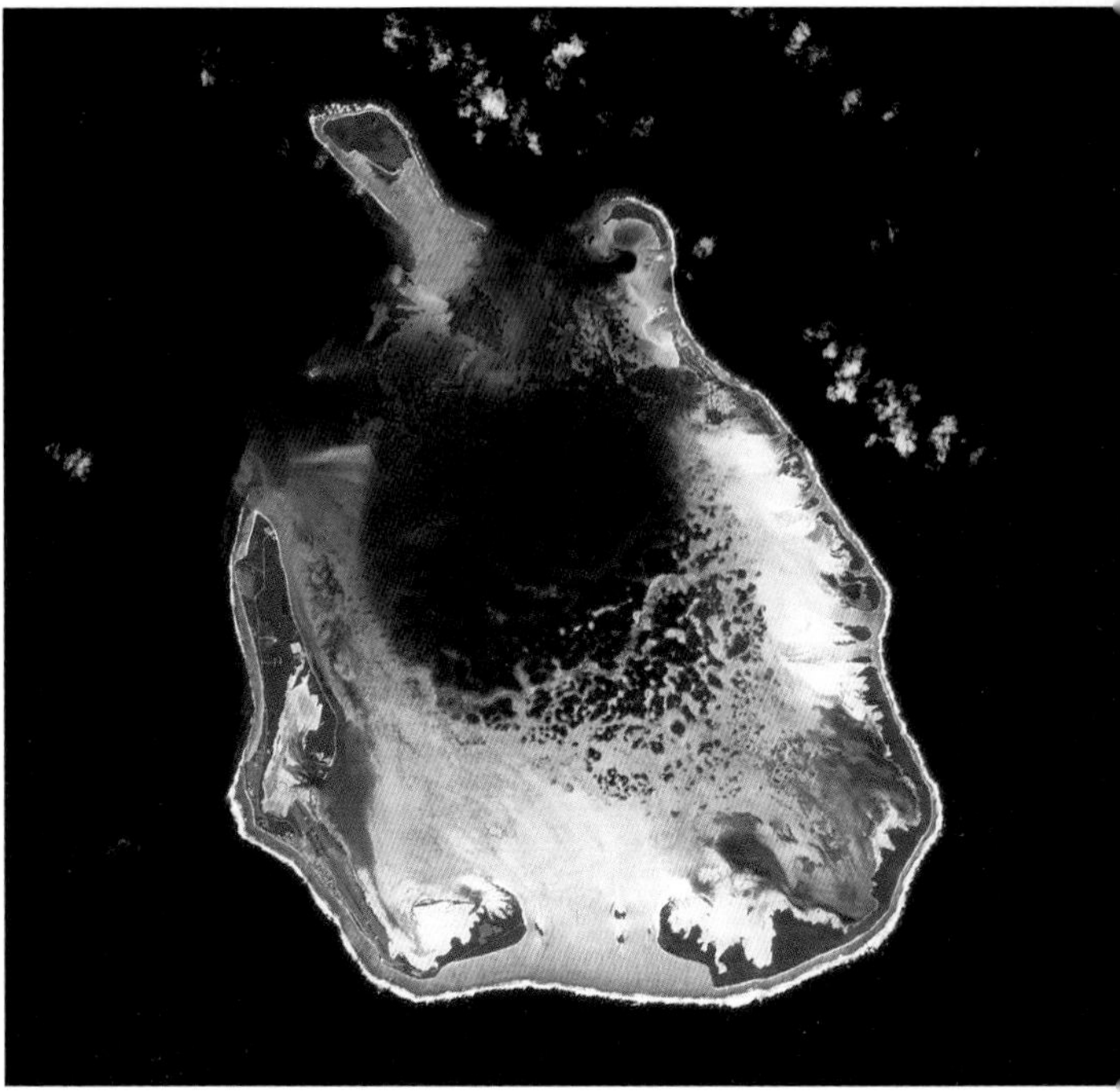

口絵７　ビーグル号が寄港したキーリング諸島の環礁（アトール）の衛星画像

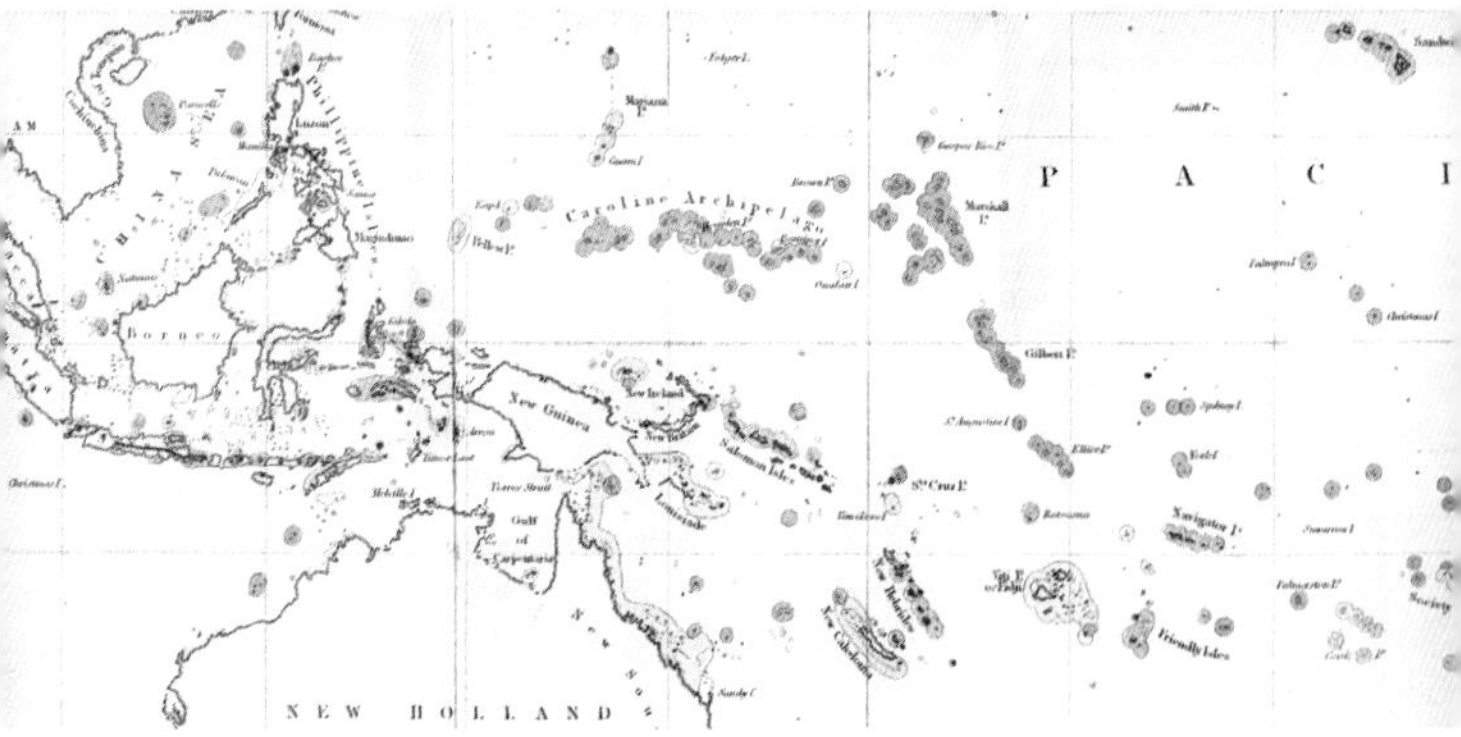

口絵８　『サンゴ礁の構造と分布』の世界地図（一部）
環礁は青、堡礁は水色、裾礁は赤で塗り分けられており、ひと目で世界のサンゴ礁の分布を見て取ることができる。

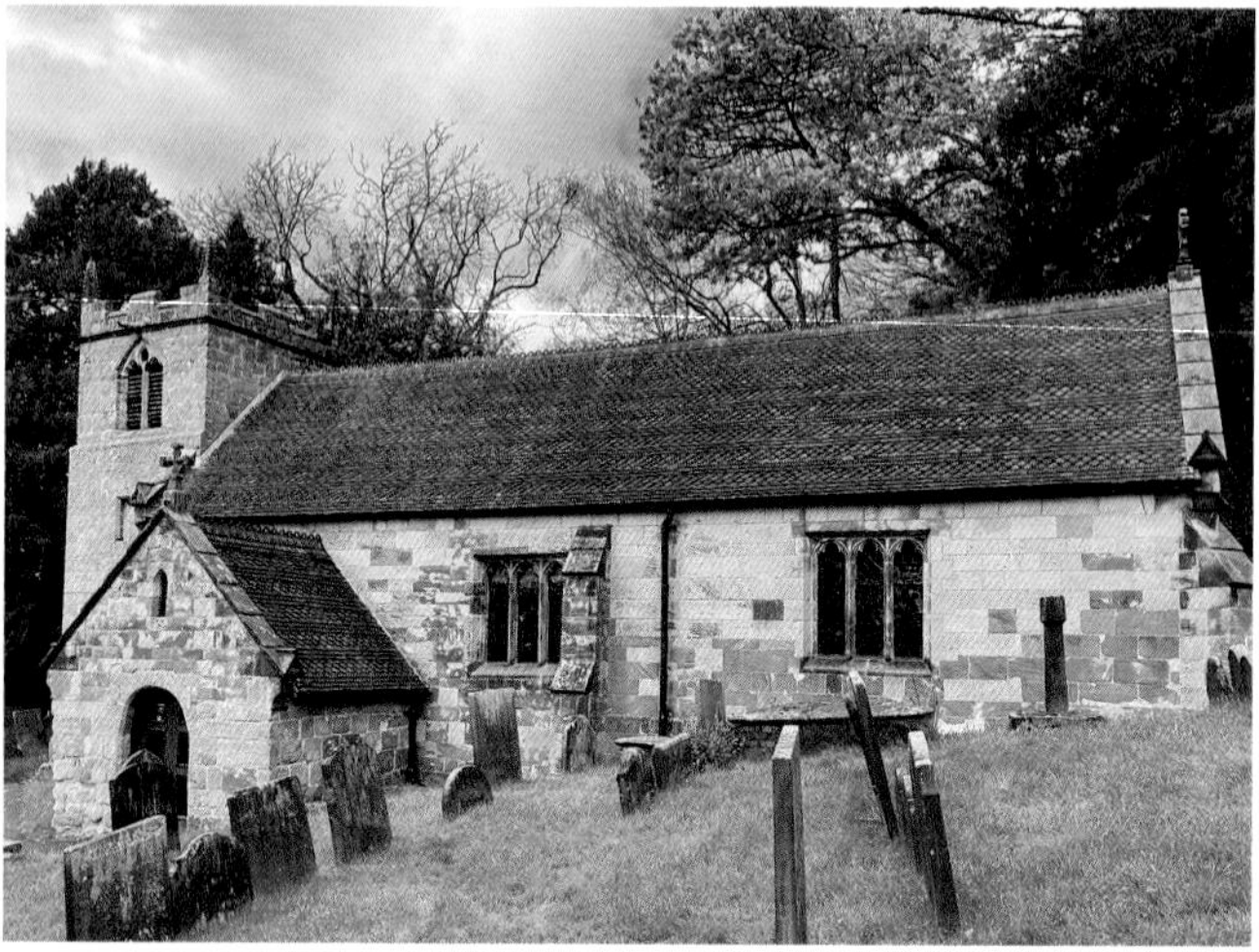

口絵９　メアのセント・ピーター教会の外観
1839年１月29日、ここでダーウィンとエマが結婚式を挙げた。

口絵10　ダウンハウス
大学などで職に就くことはなく、自宅で研究を続けた。

口絵11　アカフジツボの仲間
1854年に出版されたモノグラフのカラー図版より。

口絵12　チリクワガタのオス（左）とメス（右）
オスだけに発達した大顎は性淘汰の証。

口絵13　オスのセイランの羽
目玉模様が立体的に見える。

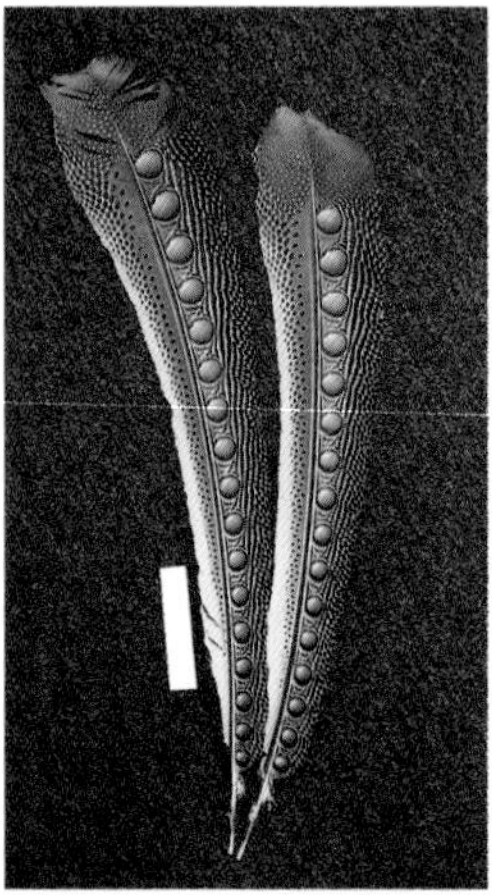

口絵14　マダガスカルのランとその花の蜜を吸うスズメガ
ダーウィンの予言を証明した歴史的な写真。

口絵15　カウスリップ
サクラソウの仲間で、花の二型の謎を解き明かす鍵となった。

口絵16　プリムローズ
春になるとダウンハウス近くの丘に咲き乱れた。

口絵17　オックスリップ
かつてはカウスリップとプリムローズの雑種だと考えられていたが、ダーウィンが独立種であるとして決着をつけた。

口絵18　サンドウォーク
この道の散歩を日課とし、思索を重ねた。

中公新書 2813

鈴木紀之著

ダーウィン

「進化論の父」の大いなる遺産

中央公論新社刊

まえがき

イギリスの科学者チャールズ・ダーウィン（一八〇九〜八二）は、『種の起源』を著して進化論を提唱した人物として知られている。「自然淘汰《とうた》による進化」という考えは生物学に革命をもたらし、今では多くのゆるぎない証拠によってその妥当性と普遍性が確かめられている。

また、ダーウィンの生涯は科学史の観点から語られることも多い。ダーウィンが生きた一九世紀のヨーロッパ社会は、人間と生き物は神によって創造されたとする宗教観が支配的であった。そうした聖書の教えと対立した彼の進化論は、後代の人々の思想や社会にも影響を与えつづけてきたからである。

だが一方で、自然淘汰の考え方は「弱肉強食の論理」とも言われてきた。進化論が優生思想と結びつくと、差別を正当化する科学的な根拠と見なされてしまい、結果的にはナチス・

ドイツによる悲劇的な迫害に至ってしまった歴史もある。

かくしてダーウィンの名は広く世に知られているわけだが、そのダーウィン像は、実際のほんの一部を反映しているにすぎない。多くの人がイメージする「進化論の提唱者」としてのダーウィン像を基準にすれば、その何倍もの著作を書き上げ、何倍もの科学的価値を後世にもたらしたのが実像である。この意味では、およそダーウィンが五人いたと思っていただいてよい。


それでは、彼は七〇年余りの生涯でいったい何を成し遂げ、それらの科学的偉業は現代から振り返るとどのような価値があるだろうか。

筆者は進化生態学という、まさしくダーウィンが切り拓《ひら》いた学問分野を専門としている。その立場から眺めると、ダーウィンには進化論（自然淘汰説）に匹敵するような発見がいくつもあったことに気づかされる。

サンゴ礁の形成、古生物の化石の発掘、作物と家畜の品種改良、フジツボの分類、動物の心理と表情、人類の進化、花と昆虫の共進化、植物の反応と動き、ミミズと土——こうした多岐にわたるテーマのうち、どれかひとつでもダーウィンと同じレベルで取り組むことができたなら、その人物はその分野の開拓者として不朽の名を科学界に残すことになっただろう。

しかし、ダーウィンはそれらすべてを、持病にひどく悩まされながら、大学に所属することもなく自宅で研鑽《けんさん》し成し遂げたのである。

また、性淘汰などのアイデアに関しては、自然淘汰よりも斬新で、科学者たちがその重要性に気づくまでに数十年かかったものもある。もっといえば、現代でもまだ検討されていない驚くべきアイデアが著作の中に散見されるのである。ダーウィンの書いた本や手紙を読めば、研究者にとっては宝探しのような体験を味わうことができるのだ。

そして一番驚かされるのは、さまざまな生き物を対象にしたこれらの拡散したトピックは、自然淘汰による漸進的な進化というシンプルかつ普遍的な原理にすべてつながってくることだ。これは進化の定義を単に知っているだけでなく、自然淘汰の汎用性と奥深さを理解してはじめて認識できることである。そのため、ダーウィンの足跡をたどる際に進化生態学の理解がセットになっていれば、進化に生涯を捧げたダーウィンの真価を実感できるようになるはずだ。

そこで本書では、進化の考え方をわかりやすく解説しつつ、ダーウィンの生涯と科学的功績を振り返っていきたい。若き日に世界一周の船旅に出て、その後は自宅で家族と多様な生き物に囲まれながら暮らし、イギリス科学界と世界中の文通仲間に支えられてきたダーウィンの姿を、豊富なエピソードを交えながら紹介していこう。そうすることで、比類なき観察家・実験家・文筆家としてのダーウィン像が明らかになるはずだ。

まだ遺伝のメカニズムが解明されておらず、自然淘汰説を支持する証拠が限られていた時代。キリスト教的世界観を生きる民衆のみならず、科学者たちからも批判を浴びつづけたダーウィンは、進化論の生みの親としてはまさに我が子を貶《けな》されるような想いを抱いていたのだろう。

その中でも自分の仮説を信じ切り、進化の解明に身を尽くした人生に、筆者は研究者として畏敬の念を抱かざるをえない。家族を愛し、奴隷制に断固反対した優しい人格もあいまって、ダーウィンという一人の科学者は生物学における唯一無二のスーパースターでありつづけるだろう。

目次

第1章　ビーグル号の航海 ―― 19

DTP・市川真樹子

ダーウィン

「進化論の父」の大いなる遺産

凡例

・本書では読みやすさを考慮して、引用文中の漢字は原則として新字体を使用し、一部の漢字と平仮名を改めた。既存の訳文に依拠しつつ、文意に照らして適宜筆者がアレンジを加え、読点を追加・削除した箇所もある。

・引用中の〔　〕は著者による補足である。

序　章　ダーウィンが変えたもの

1　自然淘汰による進化とは

人類の手に届かなかった進化論

ロンドンでペスト（黒死病）が大流行してケンブリッジ大学が閉鎖となり、アイザック・ニュートンは生まれ育ったウールソープへ帰郷。一六六五年のことである。これからわずか一年ほどの探究の中で、ニュートンは微分・光学・万有引力の法則という、この世界を解明する大発見を導いた。その年は物理学にとっての「驚異の年」であった。

一方、ニュートンと並びイギリスが生んだ史上最高峰の科学者、チャールズ・ダーウィンが生をうけたのは一八〇九年。『種の起源』の初版を出版し、進化論を世に知らしめたのがちょうど五〇歳を迎えた一八五九年であった。ニュートンが力学の基礎を築いてから、およ

図序－1　ダーウィン

そ二世紀もの歳月が経っている。

人類が生物の進化という科学的発見にたどり着いたのは、微積分やニュートン力学の誕生よりもずっと遅かったことに着目したい。ダーウィンが提唱した「自然淘汰による進化」を理解する上で、数式や物理法則は必要ない。『種の起源』にも数式はいっさい出てこない。だとしたら、人類にとって進化を理解することは何が難しかったのだろうか？　ニュートン自身は、神が創造した完璧な世界を数学によって表現したい、というモチベーションに支えられていた。

生物が進化するという真実をなかなかつかみ取れなかったのは、何もキリスト教の世界観に支配されていたヨーロッパだったから、というわけではない。有史以来さまざまな科学的発見や技術的発明を手にしてきたアジア圏やイスラム圏でも、独立して進化論にたどり着くことはなかった。

また、これほど教育が行き渡っている現代であっても、生物学の知識を正しく吸収し、進化論を身の回りの現象や自分の意思決定に応用することはなかなか難しいようだ。「適者生存」「生存闘争」「ダーウィニズム」といった言葉を日ごろ聞いたことがあるかもしれないが、生物学として何を意味しているのか、人間社会にどのように応用できるのか、自信をもって答えられる人は少ないのではなかろうか。進化論に対する誤解や深刻な誤用は、現代もなお絶えることがない。

本書の目標は、ダーウィンの生涯をたどりつつ、その科学的偉業のすごみを読者に実感してもらうことである。そのためには、進化とは何たるか、前提知識を持っておいたほうが助けになるだろう。そこでまずは、生物学的な理屈だけではなく、進化論の社会的な影響も含めて概観しておこう。

生物学での進化

進化という言葉を聞くと、どのようなことを思い浮かべるだろうか。日常生活でもよく使われているので、本来の意味から乖離《かいり》してしまっている場合も多い。まさに、進化という言葉の意味が進化しているのである。

生物学では、進化とは「世代をこえて生物の形質が置き換わること」と定義される。形質とは、生物のもつ性質や特徴のうち親から子へと遺伝するもので、大きさ・形・色といった

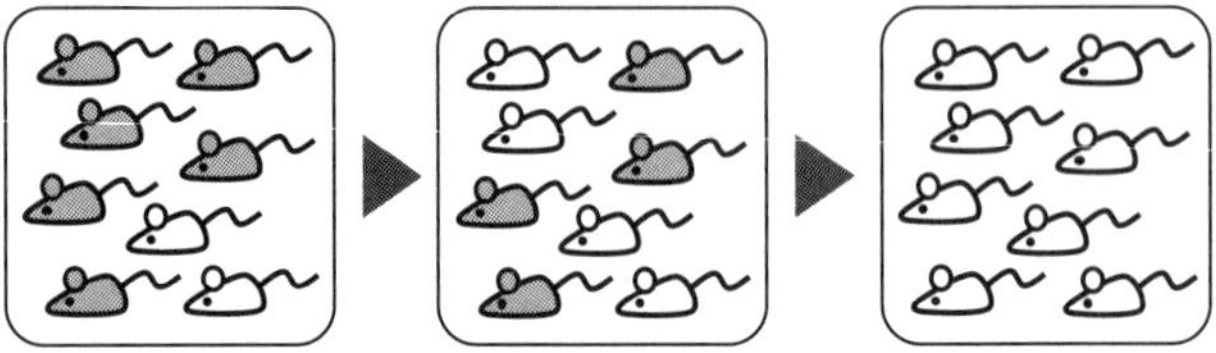

図序－2　**生物の進化**
集団内における形質の割合が世代をこえて変化していくプロセス。

見た目だけではなく、刺激に対する反応の仕方や、繁殖・採餌《さいじ》・逃避のための行動といった複雑なものも含まれる。

重要なポイントは、「世代をこえて置き換わる」という点である。ある個体の形質が、生涯のうちに変化していくことは進化ではない。たとえば、私たちは成長していくにつれて体が大きくなっていくし、トレーニングを積むことで筋肉はより発達するが、こうした変化は進化に該当しない。あくまでも、ある世代の集団中で見られていた形質の割合が、次の世代で増えたり減ったりすることが進化の本質である（図序－2）。

この点で、進化は「ランダムに」生じうる。ここでいうランダムとは、形質が生存や繁殖に有利だから集団中に残りやすくなるのではなく、偶然によって広まるという意味である。

たとえば、あるネズミの種類で、毛色が茶色と白色の二つのタイプが集団の中に共存しているとしよう。毛色の違いそのものが生存や繁殖に差をもたらす要因にはならない、と仮定しよう。だとしても、ある世代ではたまたま茶色のタイプのほうが死亡率が高くなることもありえる。偶然にも（毛色が茶色というのが原因になっているのではなく）、茶色のタイプが病気で死んでしまうことが多かった、といった場合だ。すると、次世代に残せる子供の数は白色のタイプのほうが多くなるので、結果として集団中の白色の割合が増え、茶色の割合が減ることになる。つまり、進化が起きる。こうしたランダムなプロセスによる進化は「遺伝的浮動」と呼ばれる。

自然淘汰による進化の三条件

自然淘汰（「自然選択」ともいう）は、進化をもたらす原動力のひとつである。この意味で、自然淘汰は遺伝的浮動と並ぶメカニズムとして捉えることができる。ただし、遺伝的浮動が完全にランダムなプロセスであるのに対し、自然淘汰には生存や繁殖に有利な形質に置き換わるという必然性が伴う。

現代の生物学の教科書では、以下の三つの条件がそろうと自然淘汰による進化が起こると説明されている。すなわち、①集団の中で個体によって形質が異なり、②その違いが生存や繁殖の差をもたらし、③その形質が親から子へと遺伝するとき。この三つの条件のどれかひとつが欠けると、自然淘汰による進化は起こらない。そこで、それぞれの条件を順番に見ていこう。

まず、形質に個体差がなければ進化は進まない。まさしく進化の源泉である。形質の違いは「変異」と呼ばれている。では、この変異はどこから生まれるのだろうか。

その代表的なプロセスが突然変異である。親から子へと遺伝情報が伝わる際、情報がうまくコピーされずに、新たな情報に書き換えられることがある。その結果、ごく稀に新たな形質が生まれることがある。突然変異はランダムに生じる。たとえば、今この状況では茶色の毛色が有利だとしても、都合よく茶色の毛色が新たに生み出されるわけではない。あくまでも、どのように遺伝情報が書き換えられてしまうかは偶然による。

次に、形質の違いが生存や繁殖の違いにつながる必要がある。たとえば、茶色の土に覆われた環境で茶色のネズミのほうが白色のネズミよりも天敵である猛禽《もうきん》類から狙われるリスクが低く、少しでも生き延びて子供を残せるチャンスが高い、といった状況である。ある個体がどれくらい効率よく繁殖して次世代を残せるかの尺度は「適応度」と呼ばれることが多い。

最後に、形質が親から子へと遺伝する必要がある。生存や繁殖にとって有利な形質であっても、遺伝しなければその世代限りで終わってしまい、進化は起こらない。突然変異と合わせて、遺伝のしくみについてはミクロなレベルの知識があると理解しやすいので、次項以降で詳しく説明しよう。

以上のように、変異・適応度の差・遺伝という三つの条件がそろうと、自然淘汰による進化が自動的に起こる。すなわち、次の世代では、より効率よく生存・繁殖できる形質をもつ個体の割合が増えることになる。その場の環境に応じて形質がより有利になった状態のことを専門用語で「適応」と呼ぶ。

このように、自然淘汰による進化はいたってシンプルなプロセスである。あとの時代から振り返ると、なぜ人類はこの理論になかなか到達できなかったのだろうかと、疑問に思うかもしれない。

ただし、「生存に有利なタイプが増えていくのは当たり前」と感じる人であっても、自然淘汰の積み重ねこそが地球上の生命の多様性を生み出したメカニズムであるとは、なかなか想像できないのではないだろうか。さらには、私たち人間の眼や脳といった複雑な器官を含めて、生物の形質の精緻な機能をもたらした唯一のメカニズムであると信じ切れるだろうか。ダーウィンは、自然淘汰と「生命の樹」という概念を結びつけ、人類で初めてその境地に至った人物であった。

メンデルとのすれ違い

個体はいつか死に絶える。その個体の形質そのもの（たとえばあなたの脳や細胞）が子へ移植されて次世代に引き継がれるのではない。あくまでも、その形質の設計図となる情報が、配偶子（オスの精子もしくはメスの卵子）を介して親から子へ遺伝するのである。

遺伝は自然淘汰による進化に欠かせない構成要素のひとつだが、ダーウィンであっても遺伝の法則（親と子が似ているしくみ）について正解にたどり着くことはなかった。「パンジェネシス」と呼ばれる、失敗に終わった理論を提唱するまでであった。

図序-3　グレゴール・メンデル

ダーウィンと同じ時代、オーストリア帝国の司祭であったグレゴール・メンデル（一八二二〜一八八四）は、数学と化学の素養を武器にして独自に植物の遺伝について研究を重ねた（図序-3）。親と子が似るということは、何らかの物質を介して形質が遺伝しているはずである。当時は、オス（父親）側とメス（母親）側の遺伝物質が液体のように混じり合って子に伝わる、と一般的に考えられていた。

一方でエンドウマメを対象に精緻な実験をくり返したメンデルは、遺伝物質は混ざり合う性質のものではなく、オス側とメス側から由来する粒子のような性質の要素が互いに独立性を保ちながらワンセットになって子に伝わるはずだ、と結論づけた。細胞の中の染色体をはじめとしたミクロなレベルの観察に手が届かなかった時代、実験と理論だけで遺伝の真実を突き止め、遺伝学の基礎を築き上げたのだった。

メンデルの発見はあまりに独創的であったため、論文として発表されてはいたものの、彼の生前にその成果の重要性に気づく者は現れなかった。メンデルの評判などたかが知れていたこともあってか、ダーウィン自身はメンデルの業績に触れることはなかった。よって、ダーウィンは自身の進化論にメンデル遺伝というピースを付け加えることはできなかった。

メンデルの法則が「再発見」されるのは、元々の発表から三五年後のことである。それは、彼が（科学者としてではなく）聖職者として尊敬を受けながら他界したあとのことだった。

遺伝の分子メカニズム

メンデルは遺伝を担う粒子状の要素を「エレメント」と名付けたが、現代では「遺伝子」と呼ばれている。では、遺伝子の実体は何なのだろうか。すなわち、遺伝子はどのような物質から構成されているのだろうか。また、遺伝子は情報としてどのように親から子へと伝わり、新たな世代の形質を作りあげるのだろうか。これらを理解するためには分子生物学の興隆を待たなければならなかった。

現在では、遺伝子の正体がＤＮＡ（デオキシリボ核酸）という物質であるとわかっている。

DNAは小さなユニットが連なって構成されるとてつもなく長い分子で、各ユニットには塩基と呼ばれる構造がある。塩基には四種類あって、その並び順によって異なる種類のアミノ酸が細胞内で生成され、さらにはアミノ酸が連なることによってタンパク質が合成される。タンパク質は生物の体を形作ったり、酵素としてほかの化学反応を促進したりする。つまり、タンパク質こそ形質の実体であるといえる。

「二重らせん構造」と呼ばれるように、DNAは長く連なる塩基のユニットがペアになって存在している。生殖する際には、このペアが片方ずつに分離して、配偶子と呼ばれる生殖のための細胞に収まる。オスの配偶子は精子と呼ばれ、しばしば活動的である。メスの配偶子は卵《らん》と呼ばれ、オスの配偶子よりもずっと大きいが、詰まっているDNAの情報量はオスのとほとんど変わらない。受精すると配偶子が合体し、父親と母親からそれぞれ引き継いだDNAが新たなペアを形成し、ここから個体の発生が始まる。これが親から子へとDNAの遺伝情報が伝わるしくみである。

ダーウィンはメンデルの法則やDNAの構造を知ることはなかった。ただし、形質が遺伝するという事実は確かめていた。幸いなことに、ダーウィンの自然淘汰説にとっては「子は生まれもった傾向として親に似る」という事実があれば十分であり、遺伝のメカニズムの正しい理解は必須でなかった。分子生物学の時代を待たずとも、生物学の金字塔となる理論に到達できたのである。

もし地球外に生命が存在するとしたら、その遺伝物質はＤＮＡではないだろう。あれほど複雑な構造の物質が、ほかの惑星で独立に誕生するとは考えにくいからだ。しかし、その地球外生物が成長し、繁殖し、自らの情報を次世代へと伝えていくのなら、自然淘汰の原理にもとづいて進化しているにちがいない。その意味で、自然淘汰は遺伝のメカニズムによらない普遍的な説明原理なのである。

2　人間社会における進化の誤用

進化、遺伝、優生学

ダーウィンの親戚でもあるフランシス・ゴルトン（一八二二〜一九一一）は、生物学のデータに統計学を取り入れた先駆者であった。進化論と遺伝学に影響を受けたゴルトンは、家畜や作物の品種改良と同じように、人間でも生まれつきの素質に優れた血統を残すことが社会の貢献につながるとする「優生学」を提唱した。

イギリス発祥の優生学はヨーロッパ諸国やアメリカでも支持が広がった。当時の遺伝学者には広く認められた思想だったのである。その後、優生学はナチス・ドイツの政策にも取り込まれ、ユダヤ人や特定の疾患をもつ人々を迫害する根拠として利用されてしまった。

進化論をもとに社会現象を説明しようとする立場や思想は「社会ダーウィニズム」と呼ばれるようになり、往々にして「環境に適した者だけが生き残る」という自然界の論理を人間社会にも無理に当てはめようとする試みとなっている。進化論を拡大解釈した思想に名前が付けられているものの、ダーウィン自身が社会ダーウィニズムという用語を提唱したり広げたりしたわけではなかった。

もちろん、人間も生物として、進化の産物として今ここに存在している。しかしだからといって、より多くの子供を残すべきかといった価値観、どのように生きるべきかといった道徳的な規範について、進化論が今を生きる私たちにいつも正しい回答を与えるものではない。生物学としての論理と生きる上での指針との間には、立ち止まって考えるべき深い溝が存在しているのである。

障害者に対する強制的な不妊手術を合法としていたわが国の旧優生保護法が改正され、「不良な子孫の出生防止」に関わる条項が削除されたのは、ようやく一九九六年になってからであった。優生学といえばナチス・ドイツのような、遠い国の過去の話のように感じるかもしれないが、そのような思想は身近なところにも残っているのである。生物学と社会の関係については、今後も緊張感をもって専門家や国民がチェックしていく必要があるだろう。

「変化できる者だけが生き残る」のか

二〇二〇年、自民党のホームページで、「もやウィン」というキャラクターの登場する漫画が憲法改正推進のために公開された。その中で、「最も強い者が生き残るのではなく 最も賢い者が生き延びるのでもない。唯一生き残ることが出来るのは、変化できる者である」というセリフが出てくる。

ダーウィンの「名言」とされるこの一節は、競争の激しいビジネス界をはじめとして広く一般に浸透してきた。しかし実のところ、これはダーウィン自身が書き残したことではないし、彼の主張を反映しているわけでもない。あるアメリカの経営学者が進化論を独自に解釈した言葉を残し、他者がその引用を重ねるうちにいつの間にかダーウィンのオリジナルの言説だとして誤って伝えられているようだ。

前節で説明したように、自然淘汰による進化とは「与えられた環境において生存や繁殖に適した形質に置き換わっていくプロセス」である。そのため、生存闘争を勝ち抜き生き残ったタイプを「強い者」と表現することもできるかもしれない。反対に、ある環境で最適化された形質はもうそれ以上変わる必要がないので「変化する者が生き残るわけではない」と主張することもできるだろう。いずれにせよ、自然淘汰による進化は変異・適応度の差・遺伝という三要素から構成される厳密なプロセスであり、「強い」とか「変化する者だけが生き残る」といった曖昧な比喩表現にうまく対応しているわけではない。

何よりも気をつけなければいけないのは、生物の進化に関する事実や論理があったとしても、それを社会システムの是非や政治的結論にむやみに応用すべきではない、ということだ。政策の是非の論拠として進化論なり生物学の仮説を安易に持ち出すことは、過去の歴史の反省を活かせていないように思われる。

進化リテラシー

現代社会を生きる上で、科学リテラシーを身につけることは欠かせない。単に科学の知識を得るだけでなく、その考えを自分のものとして咀嚼《そしゃく》し、個人的な判断に応用する。メディアやSNSから流れ来る膨大な情報の波をかき分け、情報源や科学的根拠の信頼性を評価し、自分や社会にとって有用なものを選び取らなければならない。

そこで筆者は、遺伝や生物多様性を含む進化にまつわる知識を吸収し、個人の意思決定や社会のしくみに正しく応用できる能力として、「進化リテラシー」の重要性を指摘したい。

原子力をはじめとした科学技術と同様に、進化の考え方は個人や社会にとって有益にもなれば、判断を間違えると取り返しのつかない過ちにもなる。私たちは一人ひとりが直面する課題にうまく対応していけるだろうか。

自然淘汰はシンプルであるがゆえにさまざまな現象に関与している。変異しつづけるウイルスに対してワクチンを接種すべきか。在来の絶滅危惧種を保全するために天敵のネコを駆除すべきか。性格や性的指向は生まれつきで決まっているのか、それとも生まれ育つ環境の影響が大きいのか。こうした疑問に対して、事実にもとづいて自分の主張を組み立て、それを表現したり議論する能力が求められるだろう。

進化や自然淘汰は、その言葉の定義を覚えることがすなわち理解することにはならない。雑学クイズに勝てるような広い知識を得ることとも違う。足元の虫たちや草花を眺め、なぜそのような色や形をしているのだろうかと進化のプロセスを想像するとき、過去の歴史を再現できるわけでも百パーセント確実な検証方法があるわけでもない。

しかしその中でも、手に入る限りの状況証拠をかき集め、合理的な推論をしていけるかどうか。そのようなトレーニングを積むことによって、進化の考え方を「使える」ようになっていくだろう。言い換えると、暗記科目としての生物学から脱却することで、進化の本当におもしろい部分や役に立つ面を実感できるようになるはずだ。

ダーウィンも、壮大なパラダイムを生み出すための「武器」をひとつひとつ拾っていった。

それらの武器とは、自分で観察した世界中の生物の生態や化石だけではない。地球の歴史はキリスト教にもとづく年代推定よりもはるかに古く、人間の一生に比べてとてつもなく長い時間をかければ大地は動くのだという地質学の知見。さらには、産業革命後のイギリスで社会現象になっていた経済学の理論も含まれる。こうした広範な現象が矛盾なくつながってきたとき、進化論は正しいのだという確信にたどり着いたはずである。

人類史が続く限り、ダーウィンと進化論は私たちが学ぶべき教養である。それでは、ダーウィンの人生をたどりながら、自然淘汰の驚異に出会う旅に出発しよう。旅を終える頃には、進化リテラシーを身につけた新しい視点で世界を眺めるようになるだろう。

第1章　ビーグル号の航海

1　博物学者としての成長期

祖父のラディカルな進化思想

チャールズ・ダーウィンは一八〇九年二月一二日、イギリスのウェールズにほど近い都市シュルズベリーで生まれた（口絵1）。ちょうど同じ日に、アメリカではエイブラハム・リンカーンが生まれている。南北戦争を経てアメリカ合衆国が独立へと向かう一九世紀、イギリスでは産業革命が成熟し、世界中の国々との交易が広がっていた。

父親のロバート・ダーウィンはシュルズベリーで開業医として成功し、資産運用にも長《た》けていた。母親のスザンナ・ウェッジウッドについては、ダーウィンの生涯にわたりほとんど逸話が出てこない。というのも、ダーウィンが八歳のときに母親は亡くなってしまい、その後は父親とともに三人の姉が厳しくダーウィンを育て上げたのである。一人の兄、一人の妹とともに、きょうだいたちとは人生を通じて手紙を交換し、仲の良い相談相手でもあった。

幼い頃のダーウィンは、姉たちに教わりながら魚釣りを楽しみ、腕白小僧さながら果樹園からリンゴ・桃・プラムを盗んでは食べ、銃を持てるようになってからは鳥の射撃に夢中になった。根っからの博物学者だったのだろう、きょうだいから影響されるわけでもなく収集癖を発揮し、貝殻・鳥の卵・鉱物・コイン・封筒のシールまで、大人顔負けのコレクターであった。

父方の祖父、エラズマス・ダーウィンは医者として国内に名を馳せるだけでなく、科学者かつ思想家として、『ズーノミア　生命の法則』や『自然の神殿』を含めいくつかの著作を残している。その中で彼は、「生物は果てしない波の下で生まれ〔…〕これらは世代を重ねるにつれて　新しい力を貯え、少し大きな突起をそなえる　それから無数の植物のグループが芽生え　やがて鰭《ひれ》、足、羽の世界が生まれる」（『ダーウィンの花園』）といった詩を残している。これは神がある瞬間にすべての生物を創造したとする、当時支配的であったキリスト教の教義からすれば異端な考えの表明であった。

神のような設計者は存在せず、生物がほかの種類から由来してきたこと――今の言葉でいえば、それを「進化」であると表現してもよい。しかし当時は、どのようなメカニズムで生物が進化するのか、誰もまっとうな論理で説明できなかった。神による創造という圧倒的なパラダイムを前にして、中身のないアイデアは科学的仮説というよりは空想としか捉えられなかったのだろう。そのため、祖父の進化思想が科学界に大きなインパクトを残すことはなかった。

ダーウィンが生まれたときに祖父はすでに他界していた。しかし、若き日に著作を通じて祖父の先鋭的な思想に触れたダーウィンは、やがて自らが進化の真実を導く人生を歩むことになる。

ウェッジウッド家と化学実験

ダーウィンの母方の祖父ジョサイア・ウェッジウッドは、かの陶器メーカー、ウェッジウッド社の創業者である。陶器の製造のために化学への造詣が深く、事業家としても成功した。また、知識階級としてエラズマス・ダーウィンと親交があった。その縁でダーウィン家とウェッジウッド家は家ぐるみの付き合いが始まり、子供の頃のダーウィンもよく叔父（母の弟）にあたるジョサイア・ウェッジウッド二世（ジョスおじさん）の屋敷（口絵2）に出かけ、のどかな田園風景の中で親戚とともに狩猟や乗馬を楽しんだ。

化学に精通していたウェッジウッド家の影響もあってか、ダーウィンは自宅の道具小屋の

「実験室」で兄と一緒に化学実験にのめりこんだ。試験管・蒸発皿・バーナーなど、およそ子供では手の届かないような器具を買いそろえ、独習でガスを発生させたり化合物を生成した。あげくにダーウィンは学校で「ガス」というあだ名で呼ばれるほどだった。

博物学というと、動物や植物の標本をひたすらに収集し、これまで人類に未知だった種類を記載していくイメージがあるかもしれない。そのように自然界のパターンを記述することは生物学の出発点ではある。一方で、物事の因果関係を証明するためには実験に頼るしかない。単にパターンを観察するだけでなく、実験者の操作・介入によってその影響を測定するのである。博物学者ダーウィンは観察と収集に満足することなく、生涯にわたって巧みな実験を考案していったが、そのルーツには兄と熱中した化学実験があった。

対照的に、兄と一緒に通っていたシュルズベリーのパブリックスクール（中等教育学校）で学んだことは少なかったようだ。ギリシア語とラテン語の古典ばかりを覚えさせられた学校生活について、こんな痛烈な回想を吐き出している。「この学校は私にとって、教育手段としては無に等しかった。〔…〕どんな詩もまる二日のあいだには忘れてしまったのだから、こんな勉強はまったくなんの役にも立たなかった。〔…〕先生たちからも父からも、しごく普通の子供で、むしろ知能は平均以下だとみられていたと思う」（『ダーウィン自伝』）。

そんなわけで、化学実験や狩猟に明け暮れたダーウィンは、父親からは叱責されるし、校長先生からも全校生徒を前にして罵倒される始末であった。

海洋生物にはまるエジンバラの医学生

狩猟に明け暮れていた青年ダーウィンを見かねて、父はダーウィンを医者にさせるよう進路を定めた。こうして一六歳の秋、ダーウィンは父と祖父の母校でもある、スコットランドの名門エジンバラ大学に入学した。

しかし父の願いとは裏腹に、実家の監視から離れたダーウィンは自分の意志で行動範囲を広げ、ナチュラリスト（博物学者）への修行に突き進むことになる。

エジンバラ大学でも講義には価値を見出せず、その批判は手厳しい。「地質学と動物学の講義にでたが、これは退屈きわまるものであった。それが私に与えた影響といえば、地質学の書物は一生読むまい、どんなことがあってもこの科学を学ぶまい、と決心させたことだけであった」（『ダーウィンの生涯』）。本当の学びは、いつも教室の外に転がっていた。

エジンバラ大学には自然史博物館があり、イギリス海軍が世界各地で収集した生物の標本が集まっていた。ダーウィンは自然とそこに出入りする中で、海産無脊椎《むせきつい》動物の権威となるロバート・グラントに出会う。医学生だったダーウィンにとってグラントは「非公式な」メンターではあったが、近くの磯でカイメン・ウミウシ・コケムシといった生物を採集しては観察する手ほどきを受けた。実家のシュルズベリーはやや内陸に位置し、海岸へは馬車で何時間もかけて旅しないとたどり着けなかったため、漁師や海洋生物学者が集う町の雰囲気が楽しかったのかもしれない。

また、いくつかの「学会」に所属し、ほかの大学生や専門家が参加する毎週の例会に出席し、正課の講義では味わえない知的な論争を間近で体験した。今の日本の大学でいえば、レベルの高い生物系サークルで、興味を同じくする仲間とともにフィールドに出かけたり、少し背伸びをして科学者たちの話を聞いたりするようなものだろう。

初めての研究発表もエジンバラ時代のこと。これまではヒバマタという海藻の胞子だと思われていた、カキの殻などに付着する小さな粒が、実はウミビルという海洋動物の卵であることがダーウィンの観察によって解明された。やがてサンゴ礁についての革新的な理論を提唱し、さらにはフジツボの分類の第一人者となるように、ダーウィンの海産無脊椎動物への情熱と執念は続いていく。

パリ発の急進的なラマルク説

この頃、グラントを通じてジャン゠バティスト・ラマルクの学説にも触れている。海産無脊椎動物の専門家でもあったフランスのラマルクは、異なる種類間の類縁関係を研究する中で、それぞれの種類は神によって個別に創造されたのではなく、下等な生物から高等な生物へと変化していくことを主張していた。ダーウィンの祖父エラズマスと同じく、生物が進化すると考えていたのだ。フランス革命後のパリでは教会の権威が失墜し、代わりにリベラルな科学思想が歓迎されつつあった。

ラマルクは進化のメカニズムについても提唱した。まず、動物が成長していく中で、頻繁にくり返し使用する器官はその分だけ発達して大きくなり、逆にあまり使用しない器官は発達せずに小さくなる（用不用説）。そしてそのように成長した器官が、繁殖を通じて次世代へと伝わることで、進化が生じると考えた（獲得形質の遺伝）。

序章で説明したように、遺伝子であるDNAの塩基配列に従って生物は発生し体の構造が組み立てられる。このプロセスは基本的には一方通行である。つまり、成長の結果として生じた構造は塩基配列に変化を及ぼすことはないので、後天的に獲得された形質が次世代に遺伝するわけではない。よって、実際にはラマルクの学説のような進化は生じていない。

とはいえ、聖書にもとづく創造論が大勢であった時代、ラマルクは生物が進化することを主張しただけでなく、そこから踏み込んで進化のメカニズムまで説明しようと挑戦した。そしてその思想を熱烈に支持したグラントをはじめ、エジンバラにはパリ発の急進的な学説を受け入れるアカデミックな土壌があった。一方で、生物学者であってもキリスト教を信仰する者が多かったことから、教義に反する思想は緊張感をもって迎えられた。このときダーウィンはどちらの立場に傾くこともなく、その対立を肌で感じ取っていた。

本来の専攻である医学の勉強は、ますます遠のいていった。麻酔のない手術で患者が血を流し苦しみ喘《あえ》ぐのを見ていられず、実習から逃げ出す始末。気の優しいダーウィンとしては、特に子供の患者の手術には耐えられなかった。もともと講義はつまらなかったが、これで医学の道に進むことをきっぱりと断念したのである。

結局、父親から実家に呼び戻され、エジンバラ大学は二年ももたずに退学。医者になり仕事をしなくても一生暮らせるほどの遺産が父親から相続されるらしいことが耳に入ったことも、医学生としてのモチベーションが低下した一因だったようだ。

甲虫にはまるケンブリッジ大生

再度ダーウィンの進路について考えた父は、今度は田舎の教区で牧師になることを勧める。これなら世間的にも認められる職業だし、仕事の傍らで好きな博物学のことに取り組みながら暮らすこともできるだろう。父はそう期待し、これにはダーウィンも納得せざるをえなかった。牧師となるためには大学の学位が必要となる。今度はケンブリッジ大学に入学した。

進化論がやがて教会から猛批判されることになると思うと、ダーウィンが過去に牧師を志したことは皮肉なことかもしれない。ケンブリッジでは代数や古典の勉強もしたが、パブリックスクールやエジンバラ大学と同様に「完全な時間の浪費」だった。この時期に何よりも熱中したのは甲虫だった。

甲虫はコガネムシ・ゲンゴロウ・オサムシなどを含む昆虫のグループである。ダーウィンは趣味を同じくする同世代の仲間と一緒に出かけながら、自分の戦利品を自慢しては、ライバルが得た珍種には激しい嫉妬を覚えた。大学生の間ではクリケットやボートレースといったスポーツが流行していたが、昆虫採集も若者の競争心を煽《あお》る人気の課外活動のひとつだったのである。

そんな虫友達に宛てた手紙の中で、次のような告白をしている。

虫屋としての経験が浅かったときにケンブリッジの川辺で体験したことを伝えなければなりません。樹皮の下に（種類は忘れてしまいましたが）二匹のゴミムシを発見し、左右の手で一匹ずつ捕まえたところ、さらに珍品のヨツボシゴミムシも発見しました。二匹のゴミムシをあきらめることはできなかったし、ヨツボシゴミムシを見逃すのは論外だったので、私はやけになって片方の手のゴミムシをそっと歯の間にはさみました。するとゴミムシが私の喉をめがけて液体を噴射し、言い表せないほどの不快感と痛みを覚え

ました。結局、すべての虫を取り逃してしまいました。（ジェニンズへの手紙、筆者訳）

このエピソードは晩年に書いた自伝でも若かりし日の武勇伝として回想している。相当印象に残ったのだろう。

ゴミムシの中には、高熱のスプレーを腹部の先端から発射する種類がいる。俗に「屁っぴり虫」と呼ばれるこの仲間では、天敵から襲われると、体内に貯蔵されている複数の物質が酵素の働きによって熱と毒を生み出す。

口に入れたのがどの種類だったのか、ダーウィンの記憶からも吹き飛ばされていたが、おそらくは屁っぴり虫の類だったのだろう。少年の頃にガスと呼ばれた青年は、甲虫が体内で製造した「爆弾」――天敵から生き延びるために進化した化学反応――に一泡ふかされたのであった。

恩師ヘンズローの導き

ケンブリッジ時代のダーウィンには人生を決定づける出会いがあった。植物学の教授ジョン・ヘンズローは昆虫学や地質学にも博識のある人物で、ほかの講義はまじめに聴講していなかったダーウィンも、人気のあったヘンズローの講義と野外実習には三年にわたって参加した。また、ヘンズローが毎週金曜日に自宅で開催する晩餐にも参加し、学問的な社交を広げていった。

ヘンズローは人格にも優れ、ダーウィンは心酔していった。いつもそばにいるから、しまいには「ヘンズローと歩く人」と呼ばれるほどだった。フィールドに出ては採集能力をいかんなく発揮するダーウィンの若き才能に、ヘンズローも惚れ込んでいく。こうして生涯にわたる師弟関係が芽生えていった。

ヘンズローはお勧めの本を紹介することでもダーウィンの人生にいくつもの刺激を与えていった。その中でも圧倒的な影響を与えた本のひとつが、アレクサンダー・フォン・フンボルトの『新大陸赤道地方紀行』だった。

ベルリンに、ナポレオンと同じ年に生まれ、ナポレオンと同じくらい有名な人物となったフンボルト。南北アメリカ大陸やユーラシア大陸をその健脚で踏破し、植物や昆虫といった個々の生物の観察に優れるだけでなく、異なる地域の生物や地理に共通するパターンを引き出すことのできる豪傑であった。文豪ゲーテと親交が深かったフンボルトは客観的な科学と詩的な文学を融合させ、ダーウィンの文章スタイルにも大きな影響を与えていく。

ダーウィンはフンボルトのことを「有史以来もっとも偉大な科学的な旅人」と評するようになるが、学生だったダーウィンは、まさか自分の旅行記がそう遠くない将来にフンボルトから絶賛されることなど、想像さえしなかっただろう。

『新大陸赤道地方紀行』の冒険譚の中でもダーウィンを虜《とりこ》にしたのが、アフリカ大陸の北西沿岸に浮かぶ、カナリア諸島のテネリフェ島であった。生き物好きであれば、熱帯の生物多様性に憧れるのは当然の成り行きであろう。特に島のエキゾチックな生き物たちは垂涎《すいぜん》の的だ。フンボルトの筆致に魅了されたダーウィンは「旅行熱」「熱帯病」に取り憑《つ》かれ、テネリフェまで行く計画を立て、父から旅費を工面し、同行する仲間を募った。

海外に行くならと、「もう一生学ぶまい」と決心した地質学の勉強を勧めたのもヘンズローだった。ヘンズローはケンブリッジ大学で地質学の教授だったアダム・セジウィックに、自分の優等生ダーウィンに対する個人レッスンを依頼。ダーウィンはセジウィックと一緒に馬車でウェールズまで出かけることになり、岩石の同定や地層の測定方法をトレーニングしてもらい、地形を観察することでその場所で起きた太古の物語を読みとく術《すべ》を学んだ。当代随一の地質学者からの特訓ツアーである。

結局、ダーウィンは相当な乗り気であったが、同行予定であった友人が急死したこともあり、テネリフェ旅行は実現しなかった。周到に計画を進めていたダーウィンにとっては、心に穴がぽかんと空いてしまうような出来事だっただろう（口絵3）。ケンブリッジ大学の卒業試験にはまずまずの成績で合格した。月並みな若者と同じように、学生時代には失恋も味わった。

大学を卒業した時点で、ビーグル号で世界を周航することも、ましてや博物学者として人生を送ることも決定していたわけではない。あくまで父が勧めた、聖職者として田舎で暮らす将来計画がただただ生き残っていた。しかし結果的に、ケンブリッジ時代のヘンズローの導きが偉大な博物学者となるための基礎を築き上げていたのだった。

出航に向けた父子のかけ引き

ここからダーウィンの人生は目まぐるしく動き出す。ヘンズローの元に、イギリス海軍の軍艦ビーグル号に同乗して世界を巡る博物学者を誰か推薦してほしい、との依頼が届いたのだった。ヘンズローは早速ダーウィンに手紙を出した。「私の知るかぎり、そのような仕事を引き受けそうな人の中でも君がもっともふさわしい人物だ」。既婚で子供が生まれたばかりのヘンズローは、異国での調査という博物学者としての夢を愛弟子《まなでし》に託したのである。「要するに、情熱と気力のある人にとってこれほどすばらしいチャンスは二度とないと思います」(『ダーウィンの花園』)。

ダーウィンは興奮した。しかし案の定、父は強硬に反対。聖職者になるために世界一周の採集旅行など必要なかったのである。旅の費用は海軍持ちではなく自己負担であったため、出資者である父の合意がなければ出発できない。命懸けの冒険になることを承知していたのだろう、ダーウィンの姉妹たちも反対した。いったんは、ダーウィンはヘンズローからの誘いを断った。

しかし、父はダーウィンの博物学に対する情熱に圧倒され、もはや自分の思い通りには息子の人生を決めつけられないと悟っていたのかもしれない。「もし良識ある人物がこの旅行を勧めるのなら、許可してあげようではないか」。そしてダーウィンは、この判断をウェッジウッド家のジョスおじさんに委ねた。ジョスおじさんをはじめ、ダーウィン家と長い付き合いのあったウェッジウッド家の人たちは大賛成だった。その後押しを受けてダーウィンは父に再度懇願し、最終的には旅の許可が下りたのである。

出航まで時間がなかったから、ここからの準備と荷造りは慌ただしい。鳥、魚、カニ、イソギンチャク、巻貝など、生物ごとに剥製や標本の作り方が異なる。特に今回の旅では、長期間の航海に適した保存方法が必要だった。ヘンズローは各分野の専門家に紹介状を書いてくれたし、エジンバラの恩師グラントは海洋動物の標本作りについて伝授してくれた。

大英博物館のロバート・ブラウンからは顕微鏡観察の指導を受けた。卓越した植物分類学者であったブラウンは、細胞の中にある「核」を顕微鏡で観察して名付けただけでなく、後にブラウン運動と呼ばれる、花粉の中の微粒子がランダムに動きつづける現象を発見した人物である。このことからも、当時のロンドン界隈の科学コミュニティのレベルの高さ、そしてダーウィンがすでにその中心にアクセスできる人脈があったことがうかがえる。

もし父の反対やほかの候補者の希望でダーウィンがビーグル号に乗らなかったら、進化生物学はどうなっていただろう。世界中の動植物や風景を自分の目で見て比較することなく、父の言う通りに田舎の聖職者となっていたのなら。ダーウィン個人にとっての幸運は、その後の科学の歴史にとっての幸運でもあった。

2　南アメリカ大陸での体験

神経質な艦長と狭い軍艦

ビーグル号の艦長は弱冠二六歳のロバート・フィッツロイで、測量や気象観測で優れた技術をもち、すでに南アメリカ大陸の南端まで航海した経験があった。艦長として臨む今回の航海では、若いながらも自分の威厳によって全体の規律を統制する必要があり、部下である船員たちと親しく接するわけにはいかなかった。かといって、長い船旅では精神的な孤立を避けなければならない。自らの神経質な性格も自覚していた。

図1－1　ビーグル号（模型）の外観

そのようなわけで、フィッツロイは上司と部下の関係ではなく、対等な立場でコミュニケーションできる社交的な人物を求めていた。その上で、世界周航に憧れている博物学徒であれば、科学の話もできるし自費で参加してくれるだろう。若く博識で、家が裕福なダーウィンはうってつけの存在であった。

イギリス海軍の主な任務は、ポルトガルとスペインの植民地から次々と独立している南アメリカ諸国の沿岸を測量し、海図を作成することだった。一方、ダーウィンが異国で標本を採集し本国に輸送することは、イギリス海軍の任務ではない。あくまでも自費で参加しているダーウィンはフィッツロイと食卓をともにする話し相手として乗船し、各地の寄港先では自由に上陸して調査に出かけてよい、という約束だった。

ビーグル号の全長は二七メートル、幅は七メートル（図1－1）。ここに航海士・測量士・海兵・大工・医師・宣教師・絵描きなど合わせて七〇名以上が乗り込むのだから、ダーウィンは軍港に係留されているビーグル号を見てその小ささにたじろいだ。出航前には実家に戻り、愛する家族に別れを告げた。何年も会うことはできないし、もしかしたら永遠の別れになるかもしれない。いくら異国の地に情熱を燃やす若者とはいえ、母国を離れる命懸けの出発に寂しさがないわけがなかった。

いざ出航

一八三一年一二月二七日、ビーグル号はイギリス南西部の都市プリマスから出港。船室にはハンモックを吊るして過ごしたが、身長が一八〇センチもあるダーウィンにとってはおそろしいほど狭かった（図1－2）。まもなくダーウィンは船酔いに苦しむことになる。甲板の手すりから嘔吐をくり返すしかなく、みじめ極まりない状態だった。

年が明け、船はかのカナリア諸島テネリフェ島に差しかかる。これにはダーウィンの気持ちも高揚し、船酔いも解消するかのようだった。しかし、イギリスでコレラが流行していたため上陸を許可されず、二週間近くも船上待機が命じられたのだ。上陸を楽しみにしていた船員にとって錨《いかり》を下ろして停泊したまま狭い船内で待機することほど辛いことはないし、せっかちなフィッツロイも待てるわけがない。ダーウィンはあれほどまでに憧れていたテネリフェ島に上陸することなく、美しい山容を船上から眺めるのみで、ビーグル号は進路を先に

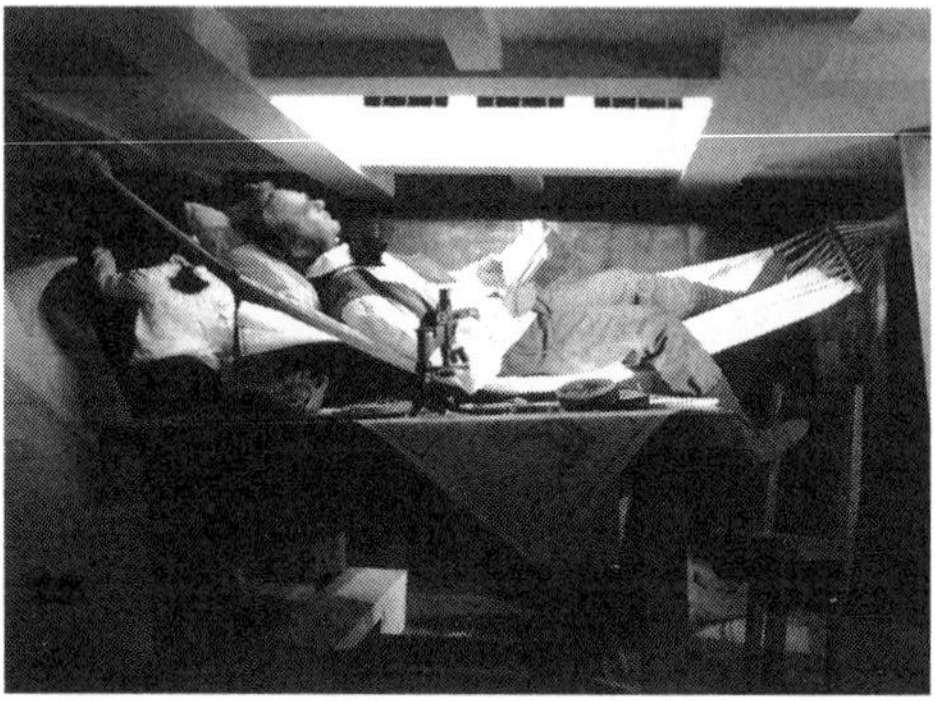

図1－2　**ビーグル号の船室の再現**
ハンモックで寝ていたが、長身のダーウィンにとっては特に狭かったようだ。

進めたのだった。

　初めての上陸となったのはアフリカ大陸西部のセネガル沖にあるサンチャゴ島。このときすでに、ダーウィンの調査スタイルが確立していた。すなわち、現地の案内人を自費で雇い、馬にまたがり旅をして、訪れた場所の植生、動物、地質、そして人々とその暮らしをつぶさに観察し、詳細な記録として残していく。同じく南アメリカ大陸を踏破した偉大な冒険家、フンボルトの背中を追いかけていた。

　セジウィックから特訓を受けたダーウィンは、地質学に大きな関心を寄せていた。最近の火山活動が認められないサンチャゴ島で、マグマ由来の岩石に挟まれた貝殻混じりの白い地層を見ながら、かつて何度か噴火がくり返され、海岸で堆積した層が隆起したと推測した。このときすでに、「もしかしたら訪れる国々の地質学について本を書けるかもしれない」と、科学者として名を馳せるという野心で奮い立っていた。

ダーウィンの日誌を読み聞かせてもらったフィッツロイも太鼓判を押してくれた。

ブラジルの熱帯雨林と奴隷制

一八三二年二月、ビーグル号は大西洋を渡りきり、ブラジルのバイアに到着（図1－3）。はじめてアマゾンの熱帯雨林を彷徨《ほうこう》した博物学者の感動は、楽しいなどという陳腐な言葉では表現できないほどだった。

飛んでいる派手なチョウを目で追おうとしても、その視線は風変わりな木や果物につかまってしまう。昆虫を見ていても、それが這《は》いまわっている珍しい花にいつしか見とれてしまう。景色を眺めようと目を転じても、風景のひとつひとつに気がとられてしまう。歓喜のあまり混沌とした気持ちになるが、やがては静かな喜びが湧きあがってくる。

（『ビーグル号航海日誌』筆者訳）

イギリスには台風が来ないから初めはわからなかったが、熱帯のスコールに対しては葉の生い茂った樹々のもとでさえも雨宿りには向かないことを体感した。夜には発光するホタルの幼虫とコメツキムシに魅了された。

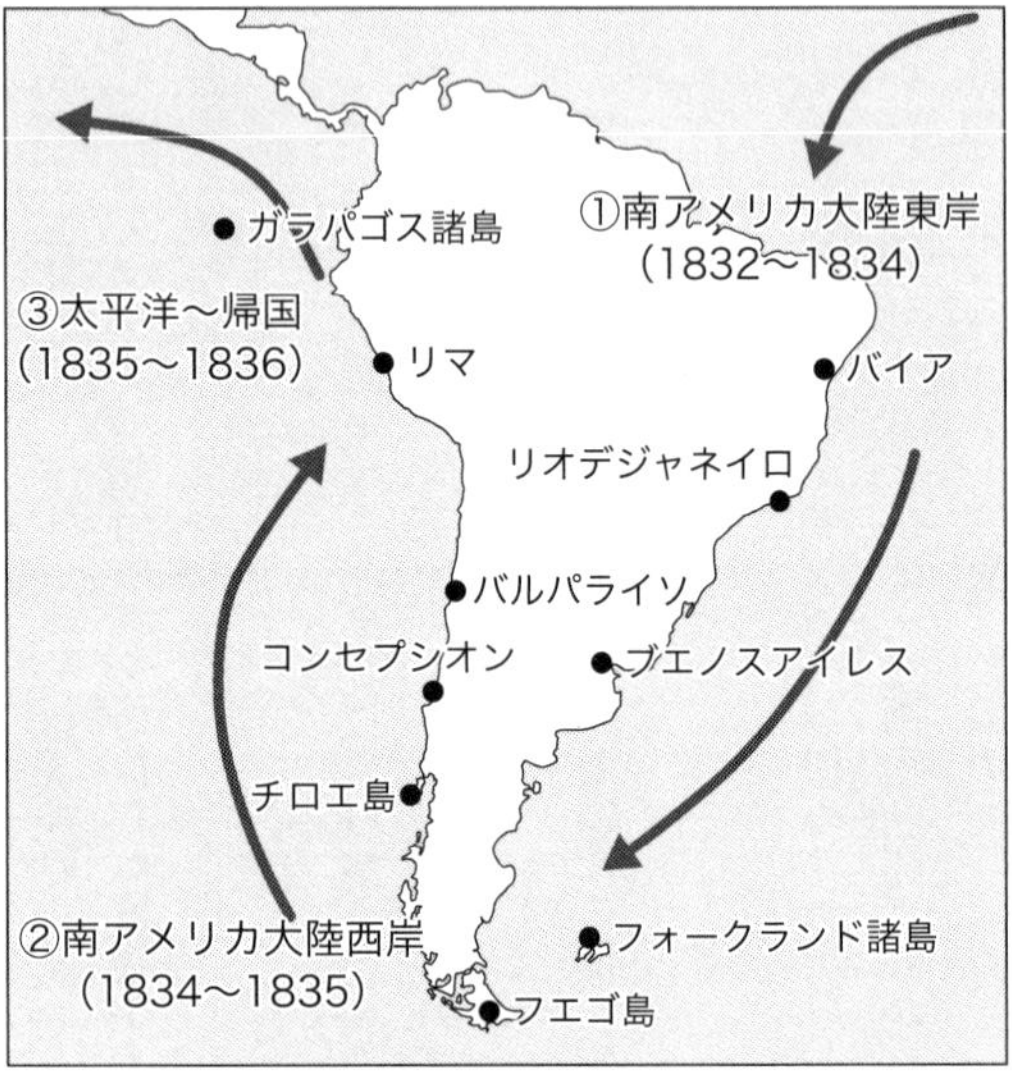

図1－3　ビーグル号の航路の概略
ダーウィンの旅は、①南アメリカ大陸東岸、②南アメリカ大陸西岸、③太平洋の島々、に大きく分けられる。地名は本書に登場する主な寄港地。

その後リオデジャネイロまで南下し、絶景のボタフォゴ湾へ。ここでも、「生命にあふれた豊かな風土の中では、目を引くものがあまりに多すぎて、ほとんど足を動かせない」というありさまだった。

その反面、ブラジルには負の感情も抱いている。ダーウィンの政治思想と優しい性格が重なり、奴隷制を嫌悪していたからである。

ダーウィンが身ぶり手ぶりを使って話をしていた際、近くにいた屈強な黒人の男が、自分の顔が手で叩かれると勘違いして、おびえた表情のまま目を閉じて両手をだらりと下げた。虐待を受けつづけた結果として抵抗する術さえも失ってしまったさまに、ダーウィンは非常にショックを受けた。別のところでは、持ってきた水があまりきれいではなかったという理由で、小さな子供が家主から馬鞭で叩かれた。残虐で非人道的なニュースを耳にするにつけ、腑《はらわた》が煮えくりかえっていた。

一方で、フィッツロイは奴隷制を擁護しつづける。彼は奴隷の大所有者を訪れたときのエピソードをダーウィンに語った。その所有者が奴隷たちを集め、「自分たちを不幸と思っているか」「自由になりたいか」と尋ねたところ、みなそれを否定したという。すかさずダーウィンは、主人の目の前で答えさせられた奴隷の言葉に真実があるか、と切り返した。それにフィッツロイは激怒し、一緒に食事するのをやめるほどであった。

人類はみな兄弟なのではないか——それはダーウィン家とウェッジウッド家に引き継がれる政治的な信念でもあったし、「私たちはどこから来たのか」という人類進化の問いにもつながっていく。

パンパを闊歩した巨大なナマケモノ

ビーグル号は南アメリカ大陸の東岸を南下し、本格的な測量に時間を費やした。ダーウィンはその間、ウルグアイのモンテビデオやアルゼンチンのブエノスアイレスを拠点として内陸部の調査に出かけた。ブラジルの熱帯林とはうってかわって、パンパと呼ばれる乾燥した草原が広がる地域である。

ガイド役にはガウチョを雇った。北アメリカでいうカウボーイに相当する彼らは、スペイン人と先住民インディオとの混血が多いとされ、ヨーロッパから持ち込まれて繁殖したウマにまたがりながら、パンパで生き抜く術を身につけていた。ガウチョとの放浪の旅では、「さてここで寝るとするか」といったノリで自由気ままに野営をし、捕獲したアルマジロの肉をその甲羅の上で焼いて食事にした。

パンパでのダーウィンの手柄は、絶滅した大型哺乳類たちの化石を発見したことである。化石の探索二日目にして、いきなりメガテリウムを発掘した（図1－4）。メガテリウムはナマケモノの仲間である。現生のナマケモノといえば樹上で暮らしてのっそりと動くあの動物だが、メガテリウムはゾウ並みの大きさで重さ五トンにも及ぶと推定され、地上を闊歩《かっぽ》していた。

当時、メガテリウムの化石はヨーロッパにわずかに知られているだけだった。神が創造した生物が絶滅することなどないと思われていた時代、メガテリウムの化石が現生のものではなく絶滅した種類であると主張されてからまだ間もない頃だった。

パンパではメガテリウムのほかにも絶滅したナマケモノの化石を三種も発掘した。のちの研究でわかったことだが、それらすべてが新種だった。そのうちの一種は、解剖学の権威リチャード・オーウェンによってミロドン・ダーウィニイという名で記載されることになる（新種の記載では、自分の名前を付けるのではなく採集者などに献名するのが慣例となっている）。ミロドンもまた、重さ二トンほどの巨大な地上性のナマケモノである。

図1－4　メガテリウム（絶滅した巨大なナマケモノの一種）
大英自然史博物館に展示されている骨格模型。

また、アルマジロの甲羅の化石も発掘した。数日前に自分で食べた現生のアルマジロの甲羅とよく似ている。ただし、化石のほうがずっと大きかった。これはつまり、ある地域で、生物が時代とともに姿を変えながら祖先から現生の種類へとつながっていることを示唆しているのだろうか。昔の種類が絶滅したあと偶然にも同じ地域でよく似た種類が神によって再び創造されるという見方よりも、しっくりくるかもしれない。こうしてアルマジロの甲羅は進化論の醸成にも一役買うことになる。

さらに、ウマの臼歯《きゅうし》の化石も発掘した（図1－5）。そのウマは巨大というわけではなか

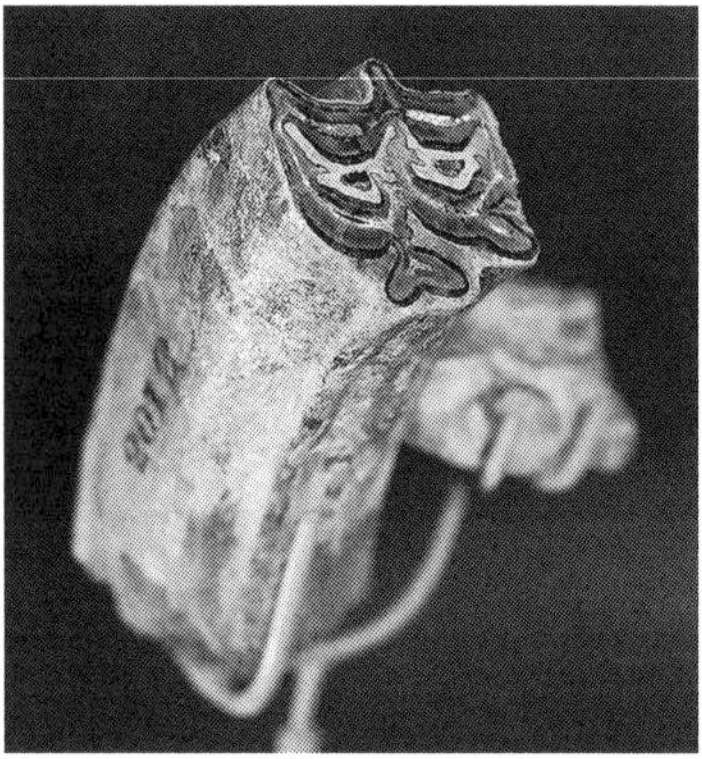

図1－5　ダーウィンが発見したウマの歯の化石

ったが、自分の目を疑った。というのも、スペイン人が南アメリカ大陸に入植した際には在来のウマは見当たらなかったし、その後もこの大陸からウマの化石は知られていなかったからだ。

つまりこの発見は、南アメリカ大陸にもかつては野生のウマが生息していたことを示す初めての証拠だったのだ。これをもって、ビーグル号航海で得られたダーウィンの化石コレクションの中で科学的にもっとも重要なもの、という評価もある。

絶滅したナマケモノ・アルマジロ・ウマなどの化石が発掘された地層の年代から、こうした哺乳類たちがそれほど遠くない昔まで生きつづけていたことを知った。アフリカのサバンナのように、南アメリカ大陸でも大平原に大型哺乳類が何種類も共存していたのである。そして歴史的にはごく最近になって、地上性の巨大なナマケモノやアルマジロの仲間たちはパンパから一掃され、代わりに樹上性のナマケモノをはじめとした小型の種類のみが現代に生き残った。パンパは「絶滅した巨大哺乳類を埋めている一大墓地」だったのだ。

旅の途中、ダーウィンは動植物・化石・岩石の標本を樽や木箱に詰めてイギリスのヘンズローに発送した。自分が送りつけているものは、学界の大御所たちからすると何も目新しくなく、ただのガラクタにすぎないかもしれない。手紙のやりとりもしていたが、届くのは数ヵ月遅れだったため、ただ不安な気持ちで返事を待っていた。

だが、それは杞憂《きゆう》だった。ダーウィンの航海中に、観察日誌や採集品はすでに専門家の目に留まり、巨大哺乳類の化石は称賛を受けていた。ヘンズローからは「もっと化石を送ってほしい」との激励が届いた。「誰もが君の名前を口にしているよ」という友人からのメッセージも励みになった。ダーウィンが初めて科学界に認められたのは、新進気鋭の古生物学者としての腕前だった。

新年にレアを食べてみたら

パンパからさらにアルゼンチンを南下していくと、パタゴニアと呼ばれる平原になる。寒くて風の強い、気候の厳しい地域である。

パンパからパタゴニアにかけての草原地帯を代表する動物がレアである。アフリカのダチョウやオーストラリアのエミューと似ている大型の鳥で、飛ぶことはできない。

レアの巣にはたくさんの卵がある。ダーウィンは最大で二七個もの卵のある巣を見つけた。

ガウチョが口をそろえて主張するには、複数のメスが同じ巣の中に卵を産み落とす、とのことだった。その共同の巣で一匹のオスが卵を温める（これは「ハーレム」の主となれたオスで、つまりは一夫多妻のシステムであることが現在ではわかっている）。その一方、ひとつずつ産み落とされて、オスから抱卵を放棄されて転がっている卵も少なくなかった。

なぜメスはすべての卵を共同の巣に産まないのだろうか？　放置されて孵化できなかった卵は別のヒナのエサになるのだろうか？　ダーウィンはレアの繁殖行動の「損得勘定」を考えていた。このアプローチは、現代の行動生態学（子孫を残す上での利益とコストのバランスから、生物の形質がどのように進化するのか明らかにする学問）に通ずるところがある。

さて、ガウチョの話によれば、なんでも別の場所ではやや小さめのレアが生息しているとのことだった。羽のつき方や卵の色が違うらしいので、明らかに別の種だと思われたが、ダーウィンはこの珍しい種をなかなか見つけることができなかった。

パタゴニアの中をだいぶ南下したポート・デザイア（南緯四八度）にて、クリスマスから数日後のある日、同行者が夕食のために小さなレアを撃った。ダーウィンはこれをいつも見てきたレアの若鳥だと思い込んで、新年のお祝いとしてみんなで平らげてしまった。

お腹を満たしたダーウィンは、あの小さくて珍しい種のことをはっと思い出した。これは大型種の若鳥でなく、小型種の成鳥だったのだ！　幸いにも頭・首・脚・翼がうまく残されていたので、それらを集めて標本を作り、ヘンズローの元に届けた。この小型種は鳥類学者のジョン・グールドによって新種として記載され、ダーウィン・レアという名で呼ばれるようになる（図1－6）。

この逸話は、単にパタゴニア紀行を彩るおもしろいエピソードにとどまらない。のちにダーウィンが進化論を着想する決定的なヒントが含まれていたのである。

図1－6　**ダーウィン・レア**
ダーウィンが編纂した『ビーグル号航海の動物記』でグールド夫妻が描いた図版。

ダーウィンが小さいほうの種をいつまでも見つけられなかったのは、パタゴニアの北部にはそもそも分布していないからだった。マゼラン海峡へと南に向かう旅の中で、ネグロ川を境に、北側に大型種、南側に小型種（ダーウィン・レア）が分布していることが判明したのだ。

帰国後に思索を重ねたダーウィンにとって重要だったのは、なぜ生物の種が地域を移ると類縁関係のある別の種に置き換わるのか、という点であった。なぜアフリカにはダチョウがいて、南アメリカにはレアがいるのか。なぜパタゴニアのある川を境にして、異なる種類のレアが分布しているのか。神が生物を創造したのなら、それぞれの種類の類縁関係にかかわりなく、単一の種をすべての地域に配置すればよいのではないか。アルマジロが時代とともに別の種に置き換わっていくように、レアは場所によって置き換わる。ダーウィンが味わったアルマジロとレアは、理論の形成にもインスピレーションを与えることになったのである。

絶滅したニアータ牛

博物学者ダーウィンのまなざしは、野生動物だけでなく、家畜にも向けられていく。これも『種の起源』および『家畜と栽培植物の変異』に至るまで続く、ダーウィンの重要なアプローチのひとつになる。

当時からアルゼンチンのパンパでは牛の放牧が盛んで、ダーウィンも肉ばかりを食べる生活が続いていた。その中で、ニアータと呼ばれる珍しい品種と出会う（図1-7）。ニアータは普通の牛の品種と比べて額が短く、鼻の穴が大きい。犬でいえばブルドッグやパグのような顔をしている。とりわけ、下顎が上顎よりも長く上方にそり上がっている形態が特徴的である。

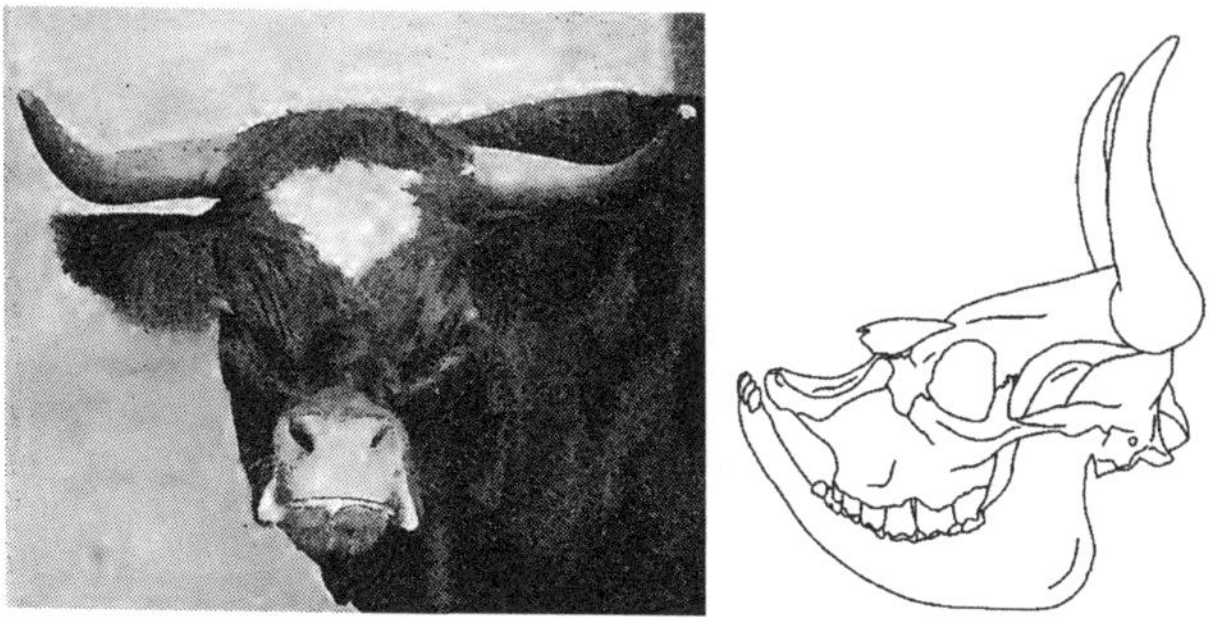

図1－7　絶滅してしまったニアータ牛（左）とその頭蓋骨の図（右）

ダーウィン自身の観察ではなさそうだが、『ビーグル号航海記』では、ニアータの形態と行動、そして移りゆく運命について次のような記述がある。風変わりな顎の形をしているニアータも平時はうまく牧草を食べて生活できるが、大旱魃《だいかんばつ》で草が枯れてしまう場合は、普通の品種のようには木の小枝などをかじって生きながらえることができず、死に絶えてしまう。その結果、この品種は真っ先に途絶えることになるだろうと。

実際にこのニアータ品種は一九世紀後半頃に絶滅したとされる。ただし、希少な家畜はさまざまな理由で系統が途絶えてしまうので、上記のような大旱魃が原因だったかは不明である。

ニアータをめぐるダーウィンの思索は、『ビーグル号航海記』全体の中でも秀逸である。ニアータのような通常のタイプとは異なるイレギュラーな品種は、大旱魃のような環境変動が生じると絶滅する可能性が高い。したがって、不自由なくエサを食べる普通のタイプだけが生き延びて、ありふれた光景が今に残る。序章で説明したように、自然淘汰が起きると不利なタイプは一掃され、有利なタイプのみの集団に固定されるからだ。

つまり、現在からでは過去に生じた自然淘汰のプロセスは見えなくなる。ダーウィンは「目に見えないもの」の本質を捉え、希少で風変わりな品種であれば、自然淘汰のプロセスが可視化されうることを見抜いたのだった。

フォークランド諸島の「オオカミ」

南アメリカ大陸の南端から東におよそ四六〇キロの海上にあるフォークランド諸島は、ダーウィンが訪れた時代からイギリスとアルゼンチンの間で紛争の絶えない地域である。冷たい雨が降りしきり、樹木の見当たらない荒野においても、現地のガウチョは火をおこす術を身につけていた。

この島でダーウィンの進化論に関係してくるのは、愛くるしいマゼランペンギンではなく、フォークランドオオカミと呼ばれる、キツネのような見た目の哺乳類である（図1-8）。フォークランド諸島のみに分布していたこの動物は、人を襲うことなく、逆に恐れる素振りもみせなかった。そのため、簡単に捕獲されてしまい、ダーウィンが訪れたときすでに数を減らしていた。

おそらく数年もしないうちに地球上から姿を消した動物たちの仲間に入ることになろう——そうダーウィンが予想した通り、フォークランドオオカミは一九世紀後半には絶滅した。ニアータのときと同じく、ダーウィンは絶滅した動物を最後に観察して詳細な記述を残した数少ない科学者のひとりだった。

図1－8　フォークランドオオカミ

ダーウィンが驚いたのは、大陸からかなり離れたフォークランド諸島に陸生の哺乳類が分布していることだった。微小な昆虫であれば、海鳥の羽に乗っかってたどり着くこともあろう。哺乳類であっても、コウモリのように翼があれば遠くの島まで飛んで行ける。それでは、フォークランドオオカミはどのようにして海を渡ってきたのだろうか。

さらに謎なのは、南アメリカ大陸にはフォークランドオオカミに近縁な動物が生息していないことだ。フォークランドオオカミの由来をどのように説明すればよいのか。これはダーウィンが現代の科学者たちにバトンを渡した上質な科学ミステリーのひとつである。

現代ではダーウィンの時代には想像すらできなかった「古代DNA」と呼ばれるアプローチによって、フォークランドオオカミにまつわる新たな発見がもたらされている。

パタゴニアに巨大なナマケモノやアルマジロなどの草食動物が生存していた時代、肉食のイヌの仲間も何種類も生息していた。その中で、数千年前まで、フォークランドオオカミにごく近縁な種が南アメリカ大陸に広く生息していたのだ。

古代DNAとは、化石の骨や歯にごくわずかに残されたDNAのことである。DNAの塩基配列には変異が蓄積されてその生物の歴史が刻まれているため、その情報をもとにほかの生物との系統関係を推定できる。ただし、有機物であるDNAは生物の死後すぐに分解されてしまうため、古い化石にはほとんど残っていない。数千年、あるいは数万年が経過してもDNAがうまく保存されている奇跡のようなサンプルを集める必要がある。

かくしてフォークランドオオカミの近縁種の化石から古代DNAが抽出され、分析は成功した。その比較のためには、ダーウィン自身が採集して博物館に保存されていたフォークランドオオカミの標本も用いられた。その結果、絶滅したこれらの種はたしかに系統的にごく近縁な関係にあり、二万年ほど前に異なる種へと分かれたことが示唆された。

最終氷期にあたるその頃は、現在と比べて海面が一五〇メートル近くも低下しており、南アメリカ大陸とフォークランド諸島まではわずか二〇キロメートルほどに狭まっていたようだ。もしこの狭い海峡が氷で覆われていたなら、海岸沿いでハンティングしながら生活するフォークランドオオカミの祖先は、何とか島へ渡ったかもしれない。これがダーウィンの謎に対する現代の進化生物学からのひとつの回答である。

驚くべきことに、ダーウィンは代表作『種の起源』で、氷河期にフォークランドオオカミの祖先が大陸から島へ渡ったと予想している。その根拠は「迷子石」をフォークランド諸島で見かけたことだ。氷河によって運ばれた岩石が、氷河が溶け去ったあとに取り残されているように、飛べない動物も氷河期に運ばれてきたのではないか。現代の科学がようやくダーウィンの洞察に追いついた、ともいえるかもしれない。

フォークランドオオカミで重要なエピソードをもうひとつ。この地域に精通するアザラシ猟師が言っていたように、フォークランド諸島の東島と西島ではフォークランドオオカミの毛色と大きさがはっきりと異なっていた。ガラパゴスを訪問する前、すでにパタゴニアのレアとフォークランドオオカミに出会い、「場所によって生物が変わりうること」のヒントを得ていたのだった。

フエゴ島の「未開人」との遭遇

パンパ、パタゴニアへと南下していったビーグル号は、ついに南アメリカ大陸の南端、フエゴ島に到着する。世界の果てに吹きつける雨と烈風、そして暗い空。風景をひとめ見ただけで、これまでに眺めてきた世界とはまるで別のものだと感じる。氷河が轟音《ごうおん》とともに崩れ落ちると、大波が浜に打ち寄せた。

その極限環境の中、ヨーロッパの文明にほとんど接したことのない、未開の先住民が暮らしていた。ビーグル号が接近すると、フエゴ島民は甲高《かんだか》く叫びながら跳びあがり、船を追いかけてきた。フエゴ島での体験は、ダーウィンの生涯の中でもショッキングな出来事だった。

> カヌーに乗ったフエゴ族は丸裸で、成熟した女性ですら一糸もまとっていなかった。ひどい雨降りの日で、飛沫《しぶき》とともに雨水が彼女の体を伝い落ちていた。〔…〕髪は乱れ放題だし、声もしわがれ、身ぶりも荒々しかった。こういう人々を眺めると、かれらが同じこの世に住む同類というか、仲間だとは信じられなくなる。〔…〕この荒れ模様にもかかわらず、そろって丸裸で、風雨から身を守る発想すらなく、濡れた地面に動物のように丸まって眠るのだ。
>
> (『ビーグル号航海記』)

これまでの旅で黒人奴隷やインディオに同情をみせてきたダーウィンも、フエゴ島民との違いには愕然とし、「その差は野生動物と家畜のそれよりも大きい」と書き残すほどであった。

フィッツロイは前回の航海でもフエゴ島を訪れている。その際、先住民といざこざになり、少年と少女を含む四名を人質として拉致し、そのまま解放せずにイギリスへ帰還した。そのうち一名は天然痘のため亡くなってしまったが、残りの三名は三年間イギリス流の教育を受け、英語を話せるようになり、道具の使用や食事のマナーなどヨーロッパ文明に教化されていた。

彼らを故郷のフエゴ島に送還しなければならない。それは二回目の航海におけるフィッツロイの個人的なミッションのひとつだった。

島に上陸してこれを完遂させたものの、フエゴ島民とは緊迫した状態になった。盗難が相次ぎ、物を取り戻そうとしても、イギリス人とフエゴ島民ではコミュニケーションがろくに成立しない。フィッツロイとしても戦闘は起こしたくなかったが、ナイフや銃を見せつけても威嚇にはならなかった。フエゴ島民には文明の利器の意味が伝わらなかったからだ。

その後ビーグル号はいったんフエゴ島を離れ、フォークランド諸島や南アメリカ大陸東岸の調査に時間を費やした。そしておよそ一年後、ビーグル号はフエゴ島に戻り、そこでイギリスから帰還して暮らしていた先住民の一人、ジェミーと再会した。イギリスで文明化した彼も、今では目をぎらつかせ、毛皮を腰に巻くほかに服を身につけておらず、元通りの風貌と化していた。もはや、ジェミーにイギリスへ帰りたいという意志はなかった。

というのも、ジェミーには愛する妻ができたのである。彼らにも自分たちと同じような幸福がある。ビーグル号のメンバーたちは、途中まで旅をともにしたジェミーと最後の握手をし、悲しみにくれつつ永遠の別れを告げたのだった。

イギリス人とフエゴ島の未開人との間には、理知や技術に明確な差がある。ダーウィンはそう認めざるをえなかった。とはいえ、ジェミーたちがイギリスで教育を受けて文明化されたように、人種が違えども心の発達はほとんど変わらないのではないか。フエゴ島での衝撃的な体験は、『種の起源』で提唱された生物の進化論の先にある、人間の由来や人種という研究テーマにつながっていく。

吸血カメムシとシャーガス病

ビーグル号はマゼラン海峡を通過し、南アメリカ大陸の西岸を北上していく。「空気は乾いて、空は青く晴れわたり、太陽が燦々《さんさん》とかがやき」、特に悪天候のフエゴ島を回ったあとだったから、ダーウィンはすばらしい気候を前にして意気揚々となっていた。

チリでは、ダーウィンとビーグル号の仲間たちは現在の医学的な見地からするとおぞましい体験をしている。

ラテンアメリカに分布する吸血性のカメムシ（サシガメの仲間の一部）は、人から血を吸う際にトリパノソーマ原虫の一種を媒介する。この原虫が人に寄生すると、急性的もしくは慢性的にさまざまな症状を引き起こす。このシャーガス病は、現代でもラテンアメリカで問題になっている熱帯病のひとつである。特にサシガメは伝統的な土壁の家屋に多く生息しており、ダーウィンは陸路の旅の途中でしばしばこうした環境に寝泊まりしたにちがいない。

シャーガス病の原因が特定されたのは一九〇九年のこと。ダーウィンが旅行したときにはまだ知見がなかったのである。サシガメが体を這いまわると「全身がおぞけだつほど気味が悪い」と記したダーウィンは、それでもサシガメが血を吸って腹部がぱんぱんに膨れ上がる様子を身をもって観察していた。

こうしてダーウィンがトリパノソーマ原虫に感染したかどうかは不明だが、実際に旅の途中で一ヵ月以上も寝込むほどの体調不良を経験している。また、ビーグル号の航海から帰国した後も、吐き気・目まい・頭痛・動悸《どうき》・極度の疲れといった症状にたびたび悩まされることになる。

シャーガス病の症状には慢性的なものが知られていることから、ダーウィンは南アメリカの旅でシャーガス病に罹患したとする見方もある。ただし、ほかの病因を指摘する論文もあり、今となってはシャーガス病だったという確証はない。

火山の噴火と大地震

南アメリカ西岸の旅では、地質学者ダーウィンの科学思想を決定づける現象に続けて遭遇する。

一八三五年一月、チリ沿岸のチロエ島を訪れていた際、夜中に本土のオソルノ火山が噴火した。暗闇の中に溶岩が噴き出る光景を望遠鏡で眺める。あとから聞いた話では、そこから七〇〇キロ、そして五〇〇〇キロも離れた別の火山も、これまではほとんど火山活動が見られなかったにもかかわらず、同じ夜に噴火したとのことだった。稀な出来事が偶然にも同時に起こる確率はきわめて低い。これらの火山が同じアンデス山脈に連なっていることを考えると、同時多発的な噴火は偶然の一致とは思えなかった。

それからおよそ一ヵ月後の一八三五年二月二〇日、チリ中部のコンセプシオンにて、推定マグニチュード八・五の巨大地震が起こる。ダーウィンは三〇〇キロほど離れた町で昼のひとときをくつろいでいた。

地震の発生から二週間ほど経ってコンセプシオンに到着したダーウィンは、津波で廃墟と化した町を前にして言葉を失った。その惨状については、これまで各地で人の営みを詳細に書き残してきたダーウィンであっても、「はかりしれない時間と労力を傾けた仕事が、わずか一分間のうちにつぶれた光景を目のあたりにすることは、とても辛いし、また人間の力のたよりなさを痛感する」と述べるにすぎなかった。

そんな複雑な気持ちの中、自然現象の記録は忘れなかった。海岸を見ると、深い海の底に生息するような生物が津波によって浜辺に打ち上げられていた。また、フィッツロイの観察によると、満潮線から三メートル上の岩に、固着したままの貝類の死骸があった。一回の地震で海の中からこれだけ隆起したことの証拠であった。

チリでは、コンセプシオン北方の町バルパライソを起点として、アンデス山脈の峠をめぐる三週間ほどの旅にも出かけている。標高四〇〇〇メートルに迫る高山帯にも海産の貝類の化石があることは、当時から知られた現象ではあったが、その意味を確信したダーウィンは高山病を忘れて喜んだ。それはかつて海の中に沈んでいた地層が隆起して、これほどまでの高地へと押し上げられた証拠であった。

コンセプシオンで起きたように、一度の大地震で数メートルほど大地が隆起するのなら、途方もない時間をかければ、やがては天にそびえるアンデス山脈をも形作るのではないか。この世界は天変地異によって瞬間的に形成されたのではない――チャールズ・ライエルが

『地質学原理』で主張したように、漸進的で連続的な作用がやがて大きな変化につながったのではないかとダーウィンは考えた。

『地質学原理』は、ダーウィンがビーグル号の航海で携行した愛読書のひとつである。ダーウィンが踏査したアンデス山脈の歴史は、新進気鋭の地質学者ライエルの大胆な主張と合致しているようだった。重要なのは、時間である。膨大な時間は、風や雨といったささいな作用にも万能ともいえる力を与える。それらが積み重なったものが、現在見られる大地を形作っているのだ。ただしそれは、地球の年齢をたかだか数千年か数万年だとする、聖書の字義通りの解釈とは矛盾してしまう。地質学の発見がキリスト教にもとづく自然観から乖離していく、エキサイティングな時代だった。その新興勢力にダーウィンは賭けたのである。

そして、神が創造してから不変だと信じられてきた生物も、悠久の時間をかければ、その姿を変えていくのではないか——ここに、地質学と進化論の接点が結ばれた。

ビーグル号は、長きにわたった南アメリカ大陸での調査をついに終えて、太平洋へ向けて出帆する。ダーウィンはすでに、世間の通説に囚われない地質学者になっていた。イギリスを出発してから三年半が過ぎていた。

3　聖地ガラパゴス

荒涼とした月の大地

進化論の聖地と呼ばれるくらいだから、ガラパゴスは熱帯の珍奇な生き物たちの宝庫というイメージがあるかもしれない。しかし、到着したダーウィンの第一印象はその逆で、「生命の気配はまるでない」「全体が悲しいくらいに不毛」といったものだった。

ごつごつした岩場がただ広がる景観は、あるいは月に喩《たと》えられるかもしれない。エクアドル本土からおよそ九〇〇キロ西方に浮かぶガラパゴス諸島の大小さまざまな島は、ダーウィンがすぐさま見抜いたように、すべて火山によって形成されたものである。これらの島々は一度も大陸と陸続きになったことがない「海洋島」に分類される。

ガラパゴス諸島は赤道直下に位置し、緯度からいえばたしかに熱帯である。しかし、南極から南アメリカ大陸の西岸を通って運ばれてくる寒流（フンボルト海流）の影響により、意外なほど涼しい。そのため、海面からの上昇気流が少なく、雨も少ない。乾燥した海岸沿いにはサボテンが林立する一方で、赤道直下にもかかわらずペンギンが分布しているのだ。

アマゾンやパタゴニアで美しい動植物を採集してきたダーウィンは、ガラパゴスの生物の姿を冷静に比較していった。数種類の例外を除き、ほとんどの鳥は地味な色合いで小さい。植物はどれも「貧弱な雑草と見まちがえるし、目を奪う美しい花を見かけることもなかった」。昆虫も数が少なく、山の上の湿潤な環境でさえ限られた種類を採集できたにすぎない。そのどれもが、熱帯にしては体が小さく、色が地味だった。

筆者は同じく海洋島のハワイで、同じようなパターンを観察したことがある。森の中で昆虫を網羅的に採集したところ、ほとんどが数ミリ程度の大きさで、茶色っぽい色彩をしていた。大型で派手な種類といえば、近年になって人為的に持ち込まれた外来種だった。日本の海洋島である小笠原諸島でも状況は似ている。たくさんの固有種が分布しているものの、大きくてかっこいいトンボやカブトムシは生息していない。

ダーウィンが『ビーグル号航海記』で書き残した、海洋島では動植物の色彩が地味になることについては、現代でもほとんど研究の手がつけられていないテーマである。熱帯だからといって、生物は派手で大型になるわけではない。大陸の生物と比べるとどれくらい地味なのか、もし本当に地味だとしたら、その進化をもたらした要因は何なのか。ダーウィンの著作は科学的な想像力を今でも与えてくれる。

黒い溶岩に覆われたガラパゴスの海岸には、グロテスクな見た目のウミイグアナが群れて横たわり、日光浴をしている（口絵4）。ダーウィンの形容を借りれば、「なんとも醜いやつらで、色は汚れた黒、おまけに愚鈍で、動作ものろい」とのことだ。

ダーウィンはこのウミイグアナを相手に三つの実験を行なっている。それは「愚鈍でのろい」ことの理由を突き止める試みであったし、生物が環境に適応しながら異なる種へと分かれていくことを示唆するものだった。

まず、ビーグル号の甲板から、水夫がウミイグアナに重い錘《おもり》をつけて海の中に沈めてみた。普段ウミイグアナは海岸沿いで寝そべっているし、何といっても陸上で肺呼吸して生活する爬虫類である。そのうち息ができなくて死んでしまうだろう。ところが、一時間も海の中で放置していたにもかかわらず、甲板に引き上げてみるとぴんぴんとしていた。

次に、ウミイグアナを解剖して胃の中身をチェック。すると、そのほとんどがアオサの仲間の海藻だった。海洋生物の観察に長けていたダーウィンは、これらのアオサがごく浅い潮だまりに生育している種ではないことに気づいた。つまり、ウミイグアナは海のそれなりに深いところまで潜り、海藻を主食としていたのだ。「海で泳いでいるから魚を食べている」としていた先人の報告を冷徹に覆した。

ウミイグアナは長いあいだ潜水できるし、泳ぎもうまい。これらの事実から、海中の生活に実によく適応しているといえるだろう。しかし、ダーウィンはここで「奇妙な食い違い」に気づいた。海中生活に適応しているにもかかわらず、ウミイグアナは陸上で驚かされてもまったく海に逃げ込もうとしないのだ。

そこでダーウィンは、浜辺に横たわるあるウミイグアナをできる限り何度も海に投げ込んでみた。すると、その個体は一目散に陸上のもとの場所、つまり自分の足元に戻ってくるというくり返しだった。この習性をどう合理的に説明できるだろうか。

ダーウィンの推理はこうである。陸上でウミイグアナに天敵はいない。海洋島には大型の捕食者が渡ってこなかったため、警戒心を緩めても大丈夫なのである。一方、海の中にはサメがいる。ウミイグアナにとっては危険な環境だ。よって、海中の生活に適応しているといえども、普段は安全な陸上でのんびりと過ごし、エサを食べるときには海中に潜って機敏に泳ぎ回るのだと。

この考察は、泳ぎの得意な動物が海から逃げて陸に戻るという奇妙な実験結果に矛盾しない。実際に後年の調査では、海岸近くを泳ぐメジロザメの胃の中から餌食《えじき》となったウミイグアナが見つかっている。また、海岸でぐったりと日光浴をしているのは、ガラパゴスの特に冷たい海の中でうまく活動できるよう体温を上げているためだと考えられている。この無防備な行動も、陸上には天敵がいないからこそ可能になったものである。

それではなぜウミイグアナは採餌を含めてずっと陸上で生活しないのか。それは、陸上にはリクイグアナという別の種が生息しているためである（口絵5）。リクイグアナは体が褐色で、乾燥した砂場に穴を掘って暮らし、サボテンなどの植物を食べる。つまり、ウミイグアナとリクイグアナは（それらの名前が示す通り）海と陸で生息環境を分けている。

この二種類のイグアナは生態が大きく異なるものの、基本的な形態はよく似ている。そして、ともに世界でガラパゴス諸島にしか分布していない固有種である。ということは、この二種類は、いったいどこからやってきたのだろう。この狭いガラパゴス諸島の中で、海と陸それぞれの環境に適応しながら、祖先から二手に分かれていったのではないか。大陸から隔絶されたガラパゴスという特殊な舞台の生物に、ダーウィンは「最高の興味」をかきたてられた。進化論のヒントになったのは、かの有名なガラパゴスフィンチだけではなかったのである。

ゾウガメの味と甲羅の形

数人の仲間とともにサンチャゴ島で九日間のキャンプ生活を送ったダーウィンは、たくさんのガラパゴスゾウガメに出会った（図1-9）。普段は低地に暮らしているゾウガメは、喉が渇くと火口の底にできた泉まで歩いて水をごくごくと飲み、体内に大量の水分を溜め込

図1－9　ガラパゴスゾウガメ
現在は保護されている。

む。そして、重たい体を引きずりながら、今度はゆっくりと元の低地に戻っていく。

こうしてゾウガメは何週間も水を飲まずに生きながらえることができる。そこで海賊や捕鯨船の船乗りたちはゾウガメを大量に捕獲しては船の甲板に転がしておき、航海の途中に新鮮な肉として食べていた。そのため、ゾウガメの数は激減。残念ながら、現在では複数の島でゾウガメは絶滅している。

キャンプ中のダーウィンの食事もすべてゾウガメだった。甲羅で焼いた肉や若い個体のスープはなかなかの味だったらしい。ゾウガメが保護されている今ではもう体験できそうにないメニューである。ダーウィンがゾウガメにまたがり甲羅の後ろをぺしぺしと叩くと、その巨軀《きょく》は立ち上がってのそのそと歩き始めた。

当時からガラパゴス諸島はエクアドルに領有されており、おもに本土で政治犯となった人々やその監督者が入植していた。かれらに話を聞くと、島によってゾウガメの甲羅の形や大きさが異なるため、甲羅さえ見せてもらえばどこの島に由来するのか言い当てられるとのことだった。それは、島ごとに生物の形質が進化することを暗示していた。しかし、ガラパゴスに滞在していたとき、ダーウィンは入植者のその言葉を信じることができなかった。

ダーウィンのこの思い込みには背景がある。ゾウガメはインド洋の島にも分布しており、ガラパゴスに生息する集団はそこから持ち込まれた外来種だと考えられていたのだ。入植者たちはヤギやイノシシを島に放して食糧としていたから、ゾウガメもそれらの動物と同じような経緯で島に渡ってきた、と解釈されていた。なにせ、陸上の巨大なゾウガメが人の助けなしに海を渡ってこられるとは考えにくかった。

また、ガラパゴスでダーウィンが上陸してたくさんのゾウガメを観察できたのは、サンクリストバル島とサンチャゴ島の集団だけだった。こればかりは運がついていなかったが、両島のゾウガメの甲羅はどちらも丸っこい「ドーム型」と呼ばれるタイプだった。ほかの島には甲羅の前の部分がくびれた「鞍《くら》型」が生息しているが、ダーウィンはそのタイプをじっくりと観察することはなかった。より乾燥している地域では、水分の含まれるサボテンの葉を食べるために、首を長く伸ばせる鞍型が適した形状なのである。

フィッツロイ艦長は、その後の太平洋の長旅に備え、ガラパゴスを離れる前に三〇匹以上のゾウガメを調達した。ただし、ゾウガメの甲羅に見られる変異が進化論の手がかりになるとはつゆ知らず、航海中に食べたあとの甲羅や残骸は洋上へと投げ捨てられた。ダーウィンがペットとして持ち込んだ一匹のゾウガメの赤ちゃんは、まだ小さすぎて形態の比較には適していなかった。

アメリカ大陸の刻印

五週間にわたる滞在の中で、ダーウィンはハト・フクロウ・カモメ・ササゴイ・猛禽類のノスリといった鳥類、カタツムリや魚類、そして数百種類におよぶ植物も採集していった。一部の外来種などを除き、そのほとんどが世界でガラパゴスにしか分布していない固有種だった。

そして重要なことに、これらの動植物は、ほかの世界では類を見ない珍奇な生物だったわけではない。海洋島の生物は「独自の進化を遂げた」とよく形容されるが、生物は何もないところから生まれるわけではない。必ず祖先に由来するのである。ガラパゴスの動植物の場合、ダーウィンがパタゴニアの草原やチリの砂漠で目にした、アメリカ大陸の生物たちと明らかな類縁関係があった。ハトもフクロウもサボテンも、おなじみの仲間だった。

「この群島は、それ自体がひとつの小世界だ。アメリカ大陸に付属する一個の衛星だ」。ガラパゴスはその荒涼とした景観が月に思えるだけでなく、生物相の比較としても、地球と月のアナロジーにぴったりだったのだ。

壮大なアンデス山脈が数千万年もかけて隆起していることに比べれば、ちっぽけなガラパゴス諸島はたかだか数百万年の歴史しかない。それ以前、ここは青海原に覆われていた。海底火山が地上に顔を出すと、現在生息している生物の祖先がアメリカ大陸からどうにかして漂着してきた。そして現在暮らしている生物は、アメリカ大陸には分布していない固有種である。つまり、地質学的な年代からすればわずかな時間のあいだに、これほどたくさんの固有種が新たに生まれたということだ。

「ここの固有生物たちだけが、いったいなぜ、アメリカ大陸の生物相に準じて創造されたのだろうか？」。これはダーウィンによる反語である。神によって生物が個別に創造されたのであれば、ガラパゴス諸島とアメリカ大陸で生物に類縁性がある理由なんてない。ガラパゴス諸島の生物がアメリカ大陸の祖先に由来するのなら、まさしく種が変化したことを意味していた。

「ガラパゴス諸島の生物にはアメリカ大陸の刻印が押されている」というこの一連の思索は、帰国後に各分野の専門家がガラパゴスの動植物を新種として記載するにつれて成熟したものであり、『ビーグル号航海記』の第二版で公開された。このときはまだ『種の起源』は出版されておらず、進化論は世に知られていない。

しかし、読めばわかるように、すでにダーウィンは生物の種が変化することを確信していた。壮大でラディカルなアイデアを少し先走って披露したかったのだろう、旅行記という媒体を借りて詩的な表現でオブラートに包みつつ、進化しか考えられないという証拠と論理を垣間見せたのだった。

見過ごされたフィンチの多様性

そして進化論の聖地でもっとも有名な生物が、ガラパゴスフィンチの仲間である。ガリレオのピサの斜塔やニュートンのリンゴに比肩する、人類の金字塔となる科学理論の発見につながった象徴として語り継がれている。

ガラパゴスフィンチは小型の鳥類で、およそ一五種がガラパゴス諸島に分布している。種によってくちばしの形と大きさが異なっているのが特徴である。植物の小さい種子を食べる種類は体とくちばしが小さいのに対し、硬い殻をくだいて食べる種類は太く力強いくちばしをしている。また、先の尖ったくちばしを使いサボテンの花粉や蜜を食べている種類もいる(口絵6)。このように、生態の異なる種類が環境ごとに分かれて生息している。現代のDNA解析では、これらすべての種が共通の祖先から分化したことが明らかになっている。

しかし、ゾウガメのケースと同じように、ガラパゴスに滞在していたときのダーウィンは、ガラパゴスフィンチの仲間がこれほどまで多くの種に分かれていること、そして島や環境ごとに生息している種が異なることに気づいていなかった。

たしかに、ガラパゴスフィンチの種を見分けるのは簡単ではない。というのも、地上で植物の種子を食べるグループに限っても、大きい種・中くらいの種・小さい種に分かれているが、羽の模様は互いに似ているし、くちばしの大きさや形も連続的に変化する。実際に、異種間の雑種、すなわち中間的な形質をもつ個体が生まれることもある。さすがのダーウィンでもガラパゴスフィンチの仲間が細かく分かれているとは見抜けなかった。

ダーウィンはガラパゴス諸島のうち四つの島を訪れたが、そのうち三番目に上陸したイサベラ島では、ガラパゴスフィンチの仲間を一羽も採集していない。乾燥した島の中でわずかに残る泉に、その島に住むあらゆる種のガラパゴスフィンチが集まっていたにもかかわらず、ただ眺めるだけだった。このことからも、ガラパゴスフィンチに見られる種の違い、そしてそれが進化論にとってどれほど重要なのかを、旅行中のダーウィンが見過ごしていたことが示唆される。結局、ダーウィンの手元に残ったガラパゴスフィンチはどの島で採集されたものなのかラベルに記録もなく、ごちゃ混ぜになってしまっていた。

ことの重要性に気づかされたのは、イギリスに帰国してからおよそ五ヵ月後のこと。ロンドンの鳥類学者グールドは、ダーウィンが採集したコレクションを新種として記載するのに多忙な時間を過ごしていた。グールドの慧眼《けいがん》により、ガラパゴスフィンチは多様なくちばしの形態をもつにもかかわらず、すべてひとつのグループに属する異なる種であることが判明したのだった。

これだけ小さくて深い類縁関係をもつ鳥たちのあいだで、その体構造が順を追い変化し多様化を示していく事実を前にすると、次のような空想を本気でめぐらしたくなるだろう。つまり、この群島に元来いたごく少ない固有種群から、ある一種が選びだされ、別々の目的にそって変化させられたのでは、と。

こうして『ビーグル号航海記』で大胆にも表明した、「自然の創造力」のみで生物の形質や種が変化するという記述は、神の意志の存在に真っ向から立ち向かうものであった。それを「空想」だとして濁してもいるし、「本気」の決意を暗示しているとも読み取れるだろう。

ガラパゴス諸島は衛星群

帰国後に情報を集めていくうちに、ガラパゴスフィンチの仲間は島ごとに生息している種が異なることがわかりつつあった。ゾウガメやウミイグアナも、別種とまではいかないかもしれないが、島によって亜種（地理的に異なる品種）には分けられることが判明した。植物では定量的なデータが得られた。ダーウィンがガラパゴス諸島で採集した数十種類にも及ぶ固有種のうち、その大部分が、特定の島のみに分布するものだった。つまり、島が変われば種が変わる、のである。

これは単に、アメリカ大陸から漂着した祖先がその形を変えて新しい種に置き換わったことを意味しているだけではない。ガラパゴス諸島の小世界の中で、島ごとに新しい種が次々と誕生したことを示唆している。そこでダーウィンは、ガラパゴス諸島をアメリカ大陸の衛星だとした比喩をすぐさま修正する。

だが、今はむしろ、これを一衛星ではなく衛星群と考えたい。物理的にはお互いに似通いあい、しかし生物学的には異なっているのに、密接なかかわりを保とうとしている衛星群というべきだ。さらにこの衛星群は全部、かすかな程度とはいえアメリカ本土とはっきりした関係をもっているのだ。

木星を周回する四つのガリレオ衛星の発見が、すべての天体が地球を周回しているとする天動説を覆す裏付けとなったように、ガラパゴス諸島で島ごとに異なる固有種が進化したという事実は、当時のキリスト教の世界観＝創造説に反する強力な傍証となった。

4 逆張りのサンゴ礁理論

タヒチ、ニュージーランド、オーストラリア

ガラパゴスとは対照的に、南太平洋に浮かぶタヒチは水と緑に恵まれた島である。パイナップル・ココナツ・バナナ・パンノキ・グアバといった熱帯果樹に囲まれ、先住民たちは健康的で好意的。急峻な山に登ると、サンゴ礁の美しいモーレア島を一望できた。群青の外洋からうねり寄せる波はサンゴ礁の壁に当たって白く砕け散り、サンゴ礁と島の間にはラグーン（礁湖）が穏やかに広がっていた。太平洋の島々でサンゴ礁が形成されるしくみを解明することが、地質学者ダーウィンの次なるターゲットである。

ニュージーランドまではさらに遠い。「太平洋のだだっぴろさを理解するなら、この大海を船で渡ってみる必要がある。数週間のあいだ、かなりのスピードで航海しつづけても、同じような青くてとても深い海のほか、何にも出会うことがないのである」。それでも、世界周航もすでに後半の東半球に入っていた。それは、一キロ進むごとにイギリスまで一キロ近づくことを意味していた。実家のシュルズベリーまで帰る最短のルートはどれだろうかと頭に思い描くほど、故郷への想いは募るばかりだった。

オーストラリアではカンガルー狩りに出かけたり、卵を産む哺乳類であるカモノハシを採集する機会に恵まれた。植民地として急速に人口が増加して都市化するシドニー、先住民のアボリジニが追放され絶滅に追い込まれつつあったタスマニア島も訪れた。

しかし旅も終盤に入り、さすがのダーウィンもモチベーションが低下していたようだ。オーストラリア大陸南西のキング・ジョージ湾に碇泊したときは、「この航海を通じて、これほどつまらなくて、やる気のおきない時間は、体験したことがなかった」、「こんな無愛想な土地を二度と歩きたくない」といった始末。それでもなお、折れてもまた生長を始めるサンゴの硬い枝と、挿し木で芽を出すリンゴの樹を比べながら、動物と植物の違いは何なのか、それらは元をたどれば共通の出発点に行き着くのか、思案を続けていた。

波とサンゴのせめぎ合い

続いてビーグル号は、スマトラ島の南方およそ一〇〇〇キロ、インド洋に浮かぶキーリング諸島（ココス諸島）に到着した。ここでダーウィンは、生まれて初めて環礁《かんしょう》（アトール）を見た（口絵7）。

環礁とは、サンゴ礁（から形成される陸地）がドーナツ状につながり、その内側が水深の浅いラグーンとなっている地形のことで、インド洋や南太平洋を中心に分布している。まばゆいほどの白い砂浜、エメラルドグリーンに輝く海を前にしたダーウィンは、「世界の驚異のうちでも上位にランクされるべきもの」と表現した。それは、環礁が形成されるメカニズムを地質学的なスケールで理解したからこその境地であった。

周辺の島々は、すべてサンゴの白い砂から成り立っている。ガラパゴスのような黒い溶岩の大地とは対照的だ。それでは、環礁という特徴的な地形はどのようにして生まれたのだろうか。この問いは、インド洋や南太平洋を航海した者であれば誰もが興味を持っていたし、地質学の重要な研究テーマだった。

ライエルも支持した定説は、海底火山の隆起を前提にした考えだった。環状になった火口がちょうど海面近くまで隆起したときにサンゴ礁が発達し、やがては白い砂浜にヤシの木が並ぶ陸地となる、というプロセスである。中央のラグーンは火口の窪みに重なるというわけだ。

しかしダーウィンは、隆起をベースとした仮説に異を唱えた。火口にしてはあまりにも大きな環礁があったし、細長い楕円のようないびつな形のものもある。また、定説が正しいのなら、いくつもの海底火山の山頂がサンゴ礁の形成される海面すれすれに高さをそろえ、かつそこで隆起が止まっていることになる。しかし、それはありそうにないことだった。そもそも、アンデス山脈と異なり、この海域で陸地が隆起しているという証拠が見当たらなかった。むしろ、島々が沈降していることをほのめかす証拠が目についた。かつての住居跡は海につかり、古いヤシの木は海面下で根を張れずに倒れかけていた。

ヒントは、生き物としてのサンゴを理解することにあった。環礁の形成という地質学の問いに答えるためには、生物学のバックグラウンド、しかもダーウィンが愛した海産無脊椎動物への造詣が欠かせなかった。

サンゴはイソギンチャクと同じグループに属する動物である。そのうち、サンゴ礁を構成する仲間（造礁サンゴ）は、暖かい海域の浅瀬に分布し、ポリプと呼ばれるユニットがいくつも合体して生活している。サンゴは海水中のカルシウムイオンを取り込んで炭酸カルシウム（石灰）で自らの骨格を作る。その結果、枝やテーブルのような構造物がじわりじわりとできあがる。

一方、硬い歯をもつ魚がサンゴをガリガリとかじると、サンゴは少しずつ削り取られてしまう。ダーウィンがブダイの仲間を解剖してみると、胃の中に石灰質の欠片がたまっていた。しかし、サンゴの成長に対抗する要因としてもっとも重要なのは、貿易風が生み出す絶え間ない波浪の影響だった。ビーグル号も、東から西へとコンスタントに吹きつづける貿易風に乗って順調に航海してきたのだった。

ここでダーウィンは、サンゴの成長とそれを削り取る波浪のせめぎ合いについて、情緒を込めながら描写している。文学的に美しいだけでなく、両者のバランスからサンゴの島が波に飲み込まれずに維持されていく論理が的確に伝わっているので、少し長くなるが引用しよう。

幅広いサンゴのリーフに波をかぶせてくる大洋は、敗北を知らない万能の大敵のようだ。それでも、サンゴの壁はそれに耐えぬき、始めはなんとも弱々しくて不十分に見えた手段によって、とうとう勝ちを拾ってしまう。大洋はサンゴの大岩に手心を加えているわけではない。大きなサンゴ片が大量にリーフにばらまかれ、ビーチにうずたかく積もり、そこへココヤシの高い幹が生えてくるのは、間断なく打ち寄せる大波の威力を示す証だ。いかなる休戦も認めてはもらえないのだ。〔…〕

この荒波を眺めたら、誰だって確信をもってこう思うに違いない――ある島が、たとえ斑岩や花崗岩や石英岩のようにいちばん硬い岩質でできていたとしても、抵抗を許さない波の力に負けて、最後には崩れ、破壊されるはずだ、と。

それなのに、ここで眺められる低くて目立たないサンゴ島は、がんばりつづけ、しかも勝利をあげている。というのも、別の力が強敵として、海と陸のせめぎあいに参入しているからだ。生命体の力が、泡立つ波浪から炭酸カルシウムの分子をひとつずつ分離し、それを結合して幾何学的な構造にしていくからなのだ。たとえ台風が数千ものサンゴ塊を切り裂いたとしても、それがどうだというのだ。昼も夜も、くる月もくる月も働きつづける微小な建築家の仕事の積み重ねに、どんな影響を及ぼせるというのか。

（『ビーグル号航海記』）

つまり、サンゴの骨格の成長と絶え間ない波浪との拮抗する関係において、前者が一歩リードすることを意味している。ごく小さな作用でも長い時間をかけて積み重なればやがては大きな現象につながるという見方は、進化論を含めたダーウィンの理論に一貫して現れる思考の軸である。

ビーグル号の特別仕様

サンゴ礁を含む浅瀬は航海の危険となるため、環礁の成り立ちを解明することはイギリス海軍の使命でもあった。ビーグル号は測量をおもな目的としていたから、軍艦としては珍しいことに測深のためのウィンチ（巻き上げ機）が船尾に取り付けられていた（図1-10）。

図1－10　ビーグル号の船尾に取り付けられていたウィンチ
サンゴ礁の調査にも使われた。

造礁サンゴは比較的浅いところでしか生息していないと言われていたから、フィッツロイは何度も水深を測った。ウィンチを使って綱の先に獣脂のついた錘を下ろすと、浅い海域では生きたサンゴがこびりついたが、それより少し深くなると死んだサンゴの破片、そしてさらに深くなるとただ砂を拾いあげるだけだった。ビーグル号の調査では、水深およそ四〇メートルよりも深くなると造礁サンゴの仲間が生息していないことがわかった。

そもそも、なぜ造礁サンゴは浅い海でしか生きられないのか。ダーウィンの時代には明らかではなかったが、それはサンゴと共生する褐虫藻《かっちゅうそう》に秘密がある。

褐虫藻は、単細胞の藻類、すなわち植物プランクトンの仲間である。サンゴのポリプに取り込まれた褐虫藻は、光合成によって栄養分と酸素を生成する。褐虫藻はその光合成産物などをポリプに分け与え、その代わりにポリプは住処《すみか》だけでなく窒素やリンといった別の栄養分を褐虫藻に与える。つまり、サンゴと褐虫藻には持ちつ持たれつの共生関係が成り立っていると考えられている。この関係に光合成が関与するため、造礁サンゴは光の届く浅い海でしか成長することができないのだ。

一方、ビーグル号がサンゴ礁から少しでも外洋に出ると、一気に海は深くなる。海岸から二キロメートルしか離れていないのに、錘をつけた二キロメートルの長さの綱を下ろしてもまだ海底に達しなかった。つまり、サンゴ礁の島とは、「海底からそびえたっている途方もない高山で、おまけにその山腹は、地上でいちばん尖り方の急な火山よりも、さらに険しい角度になっている」のだった。海底火山が隆起しただけでそのような形になるとは想像しにくかった。

では、環礁の成り立ちをどう説明するのか。ダーウィンは、隆起にもとづいた定説とは正反対に、島々の沈降に目をつけた。「この発想が、とたんに難問を解決してくれる」のだった。

沈降による統一的説明

サンゴと波のせめぎ合いは、サンゴの成長という生物学的な性質に着目したアイデアだった。この現象を、島の沈降を軸にして地質学的なスケールで捉えるとどうなるか。そのためにダーウィンは、サンゴ礁を「裾礁《きょしょう》（フリンジングリーフ）」「堡礁《ほしょう》（バリアリーフ）」「環礁

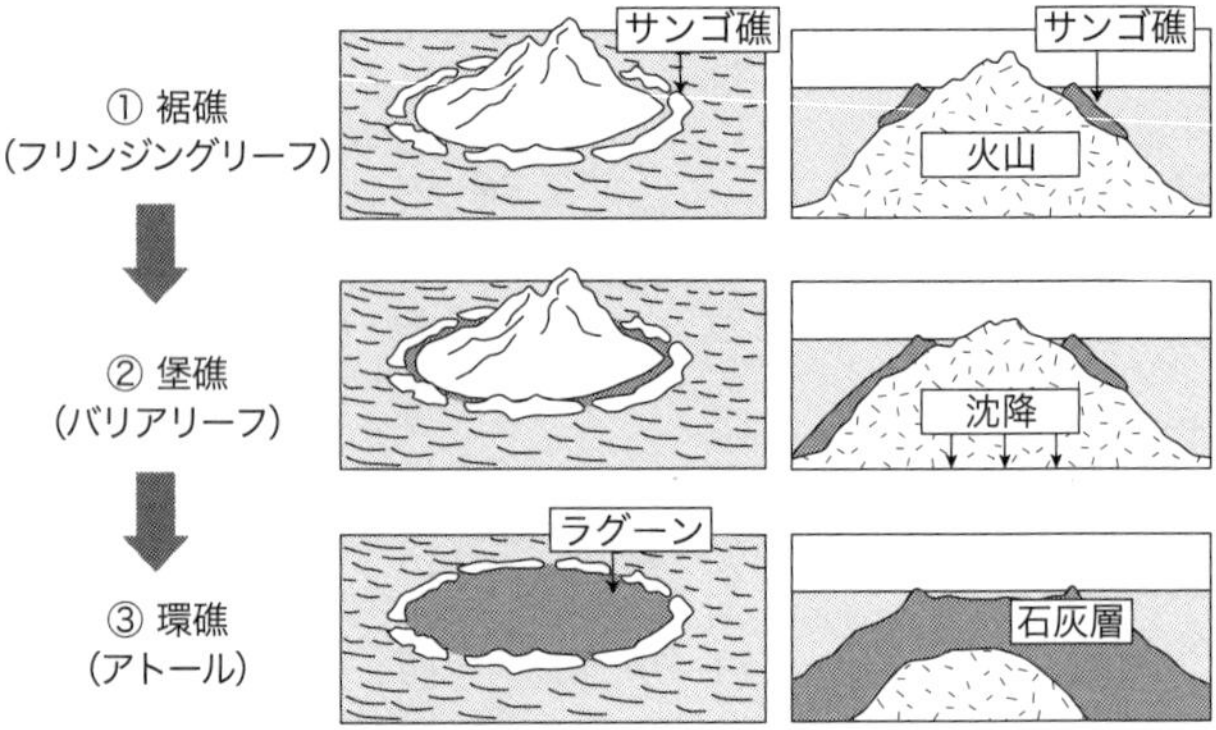

図1－11　**サンゴ礁の分類と変遷**
裾礁から始まり、火山が沈降するにつれて堡礁となり、最終的には堆積された石灰層によって環礁が形成されるという理論。

（アトール）」の三つに分類した（図1－11）。

先述したように、環礁はドーナツ型の地形で、サンゴ礁の内側は陸地のないラグーンとなっている。

これに対して堡礁とは、陸地とサンゴ礁がラグーンと同じくらいの深さの水道によって隔てられている地形である。大きな島や大陸の場合、堡礁は沿岸に直線状に連なる。有名なのはオーストラリアのグレートバリアリーフだろう。小さな島の場合、陸地をぐるりと堡礁が取り囲む。これは環礁の内側から島がニョキリと出たもののように見える。

そして三番目は裾礁である。これは陸地に密接するところに発達するサンゴ礁のことで、環礁・堡礁とは異なり深めの水道が存在しないのが特徴である。

ダーウィンが挑んだのは、この三パターンのサンゴ礁の起源をすべて説明できる統一理論だった。そうでなければ、満足な仮説とはいえない。鍵となるのは、この海域全体が沈降しつつあるのに対抗して、サンゴが石灰の土台を作りつづけることで白い島を築き上げているというメカニズムだった。

サンゴの島の歴史は裾礁から始まる。裾礁は隆起もしくは安定している島に形成される。陸地の縁に沿った浅瀬は褐虫藻の光合成に好都合なので、そこにサンゴ礁が発達する。

次に、裾礁ができたこの島が沈降したらどうなるだろうか。島を取り囲むサンゴは、その場所が徐々に深くなるあいだも、光を求めて成長を続け、自らの堆積物を積み重ねていき、結果として水深の浅いところでサンゴ礁を保とうとする。島は地質学的な時間をかけてゆっくりと沈んでいくから、サンゴの成長は追いつくのである。一方、サンゴ礁の内側で波のおだやかな場所では、造礁サンゴが発達しにくい。このとき島が沈んでいくと、サンゴ礁と陸地の間に水道が形成されるようになる。この状態がまさしく堡礁である。

そして、堡礁がさらに沈降したらどうなるだろう。環状のサンゴ礁は沈みゆく地盤に対抗するかのように、上へ上へとなお成長を続ける。一方で中央の島は沈んでいき、やがては山頂さえも完全に海面下へ姿を没することになる。これが環礁のできあがる過程である。

すなわち、沈降を前提とすることで、裾礁（フリンジングリーフ）・堡礁（バリアリーフ）・

環礁（アトール）という三つの異なるサンゴ礁の形成を時間軸に沿って説明することに成功した（図1-11）。定説の逆を突いたこの沈降説は、シンプルにもかかわらず現実世界の複雑なパターンを説明できるため、エレガントな科学理論であると評されている。現代の地質学や海洋学の教科書にも載っている定番の仮説である。

今となっては進化論のインパクトに隠れてしまいがちだが、もしビーグル号の航海でダーウィンの科学者としてのキャリアが終了していたなら、彼はサンゴ礁の理論を考案した地質学者として歴史に名を残していただろう。

全球スケールのパターンへ

ダーウィンの真理を追究する執着心、そして壮大なスケールで物事を眺めるアプローチはここで止まらない。サンゴの発達に関する生物学、環礁の形成に関する地質学に続き、地球全体のサンゴ礁の分布パターンを照らし合わせることで、沈降説の包括的な完成を試みた。『ビーグル号航海記』はいわば一般向けの書物であり、動物学に関する専門的な内容については「化石哺乳類」「現生哺乳類」「鳥類」「魚類」「爬虫類」の各巻に分かれた『ビーグル号航海の動物記』、そして地質学については『サンゴ礁の構造と分布』『火山島の地質学的観察』『南アメリカの地質学的観察』の三部作として出版されることになる。その中で、『サンゴ礁の構造と分布』には世界地図が折り込まれており、環礁は青、堡礁は水色、そして裾礁は赤で塗り分けられている（口絵8）。世界中のサンゴ礁の種類と分布が視覚的に見てとれる優れものである。

これを見ると、まず環礁と堡礁が同じ海域に分布していることがわかる。ダーウィンの理論に従えば、どちらも沈降しているエリアに共通して現れるためだ。一方で、赤く塗られた裾礁は、また別の海域に集中して分布している。つまり、世界的に見ると隆起しているエリアと沈降しているエリアがあって、それらが三種類のサンゴ礁の分布と対応しているというわけだ。

ダーウィンの時代は、プレートテクトニクス理論はおろか、大陸移動説が認められるずっと前だった。そのため、地球が複数のプレート（岩盤）から構成されることやそれらの動きなどは知る由もなかった。しかし、世界一周の船旅を経て、ダーウィンは大地がかねてから信じられてきたように安定したものではなく、「液体の表面を覆っている薄い殻のようなもので、それが広がったりひび割れたり、隆起または沈降しながら、地球規模でたえず動きつづけているもの」という見方をするようになった。

この枠組みであれば、火山の噴火や大地震、それに隆起する大山脈から沈降を伴って形成されるサンゴ礁に至るまで、多様な地質学的現象を一貫して理解できるようになる。帰国後にノートにメモした「全世界の地質学はシンプルだ」という言葉にそのエッセンスが凝縮されているだろう。

キーリング諸島周辺にはわずか一二日間の滞在だった。しかし自伝によると、南アメリカ大陸にいるときすでに、アンデス山脈の隆起を補うようにして南太平洋の海域は沈降していると予想し、自分で環礁を見る前からその形成メカニズムについて演繹《えんえき》的に思いついていたらしい。つまり、キーリング島は理論が発祥した場ではなく、理論を検証する場だったのだ。ガラパゴスのフィンチやゾウガメの変異については帰国後しばらく経つまで気づかなかったことと対照的である。

億万長者に託した夢の実験

サンゴ礁理論の検証となるのは、環礁の白い砂浜をずっと深く掘りつづけ、たしかにサンゴ由来の石灰層が堆積していること、そしてやがては火山由来の地層に至ることを確かめることだった。この夢のような方法を思いついたダーウィンは、「いつの日か億万長者が掘ってくれたなら」と望んでいたが、後世になって実際にこの検証を行なったのは、アメリカ原子力委員会から支援を受けたアメリカ地質調査所の研究グループだった。

太平洋のマーシャル諸島はかつて日本軍に占領された島国である。一九五二年、そのエニウェトク環礁でボーリング（掘削）調査が行なわれ、柔らかい石灰層を一二〇〇メートル以上も掘ると、火山性の玄武岩の固い地層に達することが明らかになった。環礁の広さから推測すると、かつては標高三〇〇〇メートル級の火山がこの場所にそびえ立ち、五〇〇〇万年以上かけて海面下へ数千メートルも沈降したことを意味していた。掘削が行なわれたその年、世界で初めてとなる水爆実験がエニウェトク環礁で行なわれた。

本章の最後は、『ビーグル号航海記』と『サンゴ礁の構造と分布』の両方に記された名文で締めくくることにしよう。

リーフをつくるサンゴは、海水面の振動があったことを物語る驚くべき記念碑をずっと積みあげつづけ、しかもそれを守ってきた。われわれが見ているバリアリーフはどれも、大地がそこで沈んだことを示す証拠であり、アトールはどれも、今や島が海中に消えたことを示すモニュメントなのだ。こうしてわれわれは、一万年の長寿に恵まれて変化の記録をずっと取りつづけてきた地質学者から教えを受けるかのように、ひとつの巨大なからくりに関する手がかりを獲得することになった。それは、地球の表面を切れぎれにして、陸と海を取りかえてしまうからくりなのである。

第2章　『種の起源』の衝撃

1　フジツボ時代の長い道のり

再会した愛犬の記憶力

インド洋に浮かぶキーリング諸島でサンゴ礁の調査を終えたビーグル号は、アフリカ南端の喜望峰を周り、最後にもう一度ブラジルに立ち寄った。そして一八三六年一〇月、ダーウィンたちはついにイギリスに帰還した。四年九ヵ月におよぶ長旅だった。

待ち焦がれた故郷を踏みしめると、何もかもが愛おしい。二日二晩も馬車を飛ばし、実家に到着したのは深夜、こっそりと自分の部屋に入って静かに眠りについた。翌朝、お茶目にもひとり先に食卓の席についていたダーウィンは、そこで家族と再会した。その瞬間の家族の驚きと歓喜は想像するだけで微笑ましい。

イヌ好きだったダーウィン家には、いつも何頭かの愛犬が一緒に暮らしていた。その中で、ダーウィンにはなつくが、見知らぬ人には荒くて無愛想な態度をとる老犬がいた。五年ぶりの再会にもかかわらず、「名前を呼ぶと、別に喜びはしなかったがすぐに飛び出してきて、まるでたった三〇分前に別れたばかりであったかのように散歩についてきた」(『人間の進化と性淘汰』)。この実験は、イヌにも長期的な記憶力があることを検証するまたとないチャンスだったのだ。この頃すでに、ダーウィンは人間と動物の本質的な違いは何なのか、知性とは人間に特別なものなのか、疑問に思っていたにちがいない。

博物学者として成長して帰国したダーウィンは、科学者として名を馳せることに躍起だった。ケンブリッジに戻ると恩師のヘンズローとセジウィックに再会し、世界中で収集した哺乳類・鳥類・爬虫類・昆虫・植物・化石・岩石などの標本を各分野の専門家に託すための手筈に奔走した。自分の大事なコレクションは、信頼のおける専門家に預け、きちんと記載してもらわなければ困る。こうした第一線の研究者たちと交流して人脈を広げようと、ロンドンに居住することになった。

ビーグル号の航海で成し遂げた成果をヘンズローとセジウィックが賞賛してくれたこともあり、父にとってダーウィンは自慢の息子となっていた。科学者の道に邁進《まいしん》するダーウィンを父も認めるようになり、帰国後は田舎で牧師になるという将来計画は、いつの間にか「自然死」を遂げていたのだった。

秘密のノートを開く

一八三七年一月、ダーウィンは鳥類学者のジョン・グールドと面会し、持ち帰ったガラパゴスフィンチがいくつもの異なる種に分けられることを知った。そしてその年の七月、進化論に関する最初のノートに着手する。現在「ノートブックB」と呼ばれるそのノートの冒頭には大きく、祖父の著作である「ズーノミア」の文字がある。ただし、思弁の域にとどまっていた祖父の随想とは異なり、圧倒的な事実をもとにすることを目指した。こうして孤独な知的活動が始まった。

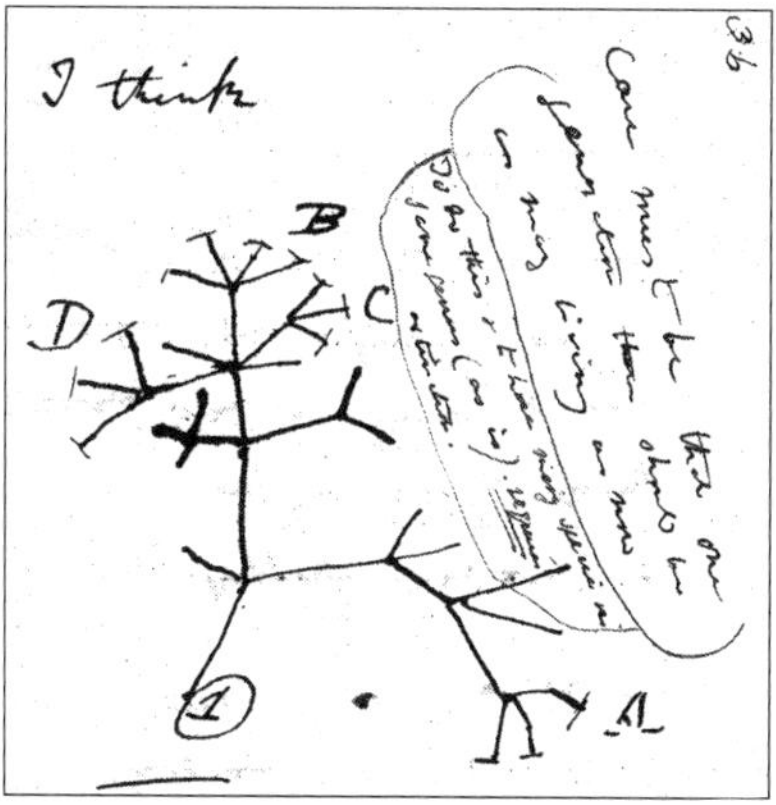

図2－1　ノートブックBに書かれた系統樹のスケッチとメモ

ノートブックBには怒濤《どとう》のひとりブレインストーミングの成果が書き殴られていく。その中でも、生物の進化を可視化した象徴的なスケッチがある（図2－1）。「私はこう考える」から

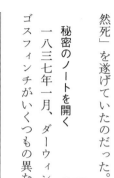

始まるメモ書きには、新しい種が枝分かれしながら生まれること、その一方で種としての死すなわち絶滅も免れないこと、それらの結果として系統的に近縁なグループのまとまりができあがることが説明されている。これは生命の系統樹の萌芽と呼ぶべきものであり、のちの『種の起源』でさらに洗練されていく。

ちなみに、歴史的にも貴重なこのノートブックBはケンブリッジ大学の図書館に保管されていたが、おそらく盗難のために紛失し、二〇年以上ものあいだ所在が不明だったことが判明した。二〇二二年になって、そのノートブックBは図書館の床にいつの間にか置かれているところを発見され、無事戻ってきたのだった。

人口論と自然の摂理

一八三八年九月に書かれたノートブックDには、進化論の完成に向けた決定的な書き込みがある。当時ベストセラーとなっていた経済学者トマス・マルサスの『人口の原理』を読み、人口は二五年で倍増しうるが、現実には食糧不足などさまざまな制限がかかるためそれほどの増加は見込めない、という理論に触れた。これをダーウィンは自然界に当てはめた。「一匹あたり二〇〇〇個の卵を産むニシンは、八世代で地球全体を、陸も海もシートをかぶせたように覆ってしまう」と計算できるが、実際にはそんなことは起きていない。

生物は集団を維持するのに必要とされる数以上の子を産むが、その中でうまく成長して親になれるのはごく一部の個体で、それは環境にもっともよく適したタイプだろう。もしその特徴が親から子へと遺伝するのなら、生物は世代を経るごとに進化していく。ダーウィンはすでに生物が種分化すること（長い時間をかければ新しい種が祖先から分かれて生まれること）には気づいていたが、それを駆動するメカニズムにはまだ到達できていなかった。世界周航から帰国してはや二年ほどで、自然淘汰と種分化のプロセスが組み立てられていった。

進化論はキリスト教の教義からすれば異端であり、ヘンズローやセジウィックといった恩師の一流科学者たちでさえも神が生物を創造したものだと考えていた。進化論に取り組んでいることが周りに知れわたると、批判を浴びることは目に見えている。そのため、ダーウィンはほとんど誰にも打ち明けることなく、出版されることのないノートにひたすらアイデアを走り書きしていったのだった。

結婚の損得勘定

そうこうするうちに、ダーウィンは結婚を考える年頃になっていた。幼い頃から親交の続いていた母方のウェッジウッド家のエマ（図2-2）も未婚だった。いとこにあたる二人は、自然と互いを意識する仲になっていた。

図2－2　エマ・ウェッジウッド
1840年、新婚の頃の肖像画。

ダーウィンは、パタゴニアに暮らすレアの行動を分析したときと同じように、自分の結婚についての損得勘定も（おそらくは冗談半分で）箇条書きにしてまとめている。結婚のメリットは、会話や音楽を楽しめること、家事を任せられること、老いても一緒に暮らせること――「ああ、働き蜂のように仕事しかない人生なんて耐えられない〔…〕煙たくて汚いロンドンで一生孤独な生活を送ることを想像してみよ〔…〕結婚しかない。証明終わり」（『ダーウィンの花園』）。

一方で結婚のデメリットは、自由に旅行できなくなること、子供の養育が大変なこと、親戚の訪問に時間を取られること、などなど。両者を天秤《てんびん》にかけ、結論は結婚だった。「心配無用、運を天に任せよ」。一八三八年一一月、エマにプロポーズ。ダーウィン家とウェッジウッド家の絆を強める、祝福された結婚だった（口絵9）。

結婚に伴い両家から財産が分け与えられ、ダーウィンは職に就くこともなく秘密の研究を続けることができた。一連のノートブックは完結し、すでにダーウィン独自の壮大な理論の大枠はできあがっていた。一八四二年には「スケッチ」と呼ばれる草稿を書き上げた。これは章の構成や結びの一節を含め、ほとんど『種の起源』の雛形《ひながた》といえるものである。それでも、出版され人目にさらされることははばかられた。

自分の理論が公表されれば、信仰心の篤い家族や友人たちは傷つくだろう。また、新聞などのメディアは辛辣に攻撃してくるだろう。聖職者にとっては、自分たちの特権の基盤となる教義が揺るがされることを意味していた。科学者仲間も進化を否定しているから、彼らと話すときには嘘の仮面を被っていた。

そうしたことが重いストレスとなったのだろう、ダーウィンは毎日のように頭痛・めまい・嘔吐などの症状に悩まされた。はじめは大都会ロンドンに憧れていたが、社交の場に出向くのがだんだんと億劫《おっくう》になってきた。学会に出席するのも体力的・精神的にしんどいし、ロンドンの煤煙《ばいえん》は明らかに健康にわるそうだ。その中で妊娠中のエマが優しくダーウィンの看病にあたった。そんな新婚生活だった。

家族に必要なのは、空気のきれいな片田舎の新しい住まいである。社交を控えることができて、なおかつたまにはロンドンを訪問できるくらいの距離感がいい。一八四二年九月、新しい家族はロンドン中心部から南東へおよそ二〇キロにあるダウン村の一軒家に引っ越した。

ダウンハウスと呼ばれる、生涯の住まいである（口絵10）。「ここならみんな幸せに暮らせそうね」と、エマも気に入ってくれた。

殺人を告白するようなもの

ダーウィンはめっきりロンドンに上京しなくなり、代わりに信頼のおける知り合いにひたすら手紙を書くことでアカデミックな交流を維持した。人たらしのダーウィンは、丁寧に相手をおだてて、ときには相手のプライドをくすぐるような挑発を織り交ぜつつ、自分に必要な情報を引き出す術を身につけるようになる。この手紙攻撃は、ダーウィンお得意の科学アプローチのひとつとなる。

その文通相手の中でも、八歳年下で植物学者のジョセフ・フッカー（図2－3）は、世界中の植物に関する知識を尋ねるのにうってつけの存在だった。フッカーは『ビーグル号航海記』を読んで南極航海に参加したほど、ダーウィンを尊敬していた。ダーウィンは、「どうか私のような植物学音痴のために」と謙遜しながら、フッカーを質問攻めにした。

なんとしても自分の進化論を支持してくれる仲間が欲しかった。若い世代に期待していたからか、それとも焦燥感からか、フッカーとの交流が始まってから間もない一八四四年一月、「これは殺人を告白するようなもの」として、ダーウィンは自分の立場を手紙で打ち明けた。

「今では種が不変でないことをほぼ確信しています」。

ラマルクの唱える進化論ではなく、まったく新しい自分の理論のほうへ、若いフッカーを「改心」させたかったのだ。それはすぐにはうまくいかなかったが、互いの関係は決裂するわけでもなく、より深まっていく。やがてこの腹心の友が進化論の科学史にとって決定的な役割を果たすことになる。

この告白の年の春、従来の「スケッチ」は肉付けされ、「エッセイ」（試論）へと昇華した。これは他人が読んでもわかる形で執筆されてはいたが、すぐに出版されることは断念された。ただ、エマには一読してもらい、病弱な自分が死んだ後に出版してもらうよう大切に包装され、出版資金と適切な編集者の候補についての指示があった。「私の理論が正しいとしたら、そしてたとえ一人でも優れた人物に認められるとしたら、科学にとって大きな進歩となるでしょう」。病弱な我が身をもってして余命がそう長くないことを悟るかのように、大胆な理論が生前には

図２－３　ジョセフ・フッカー
19世紀のイギリスを代表する植物学者であり、ダーウィンの生涯の親友だった。

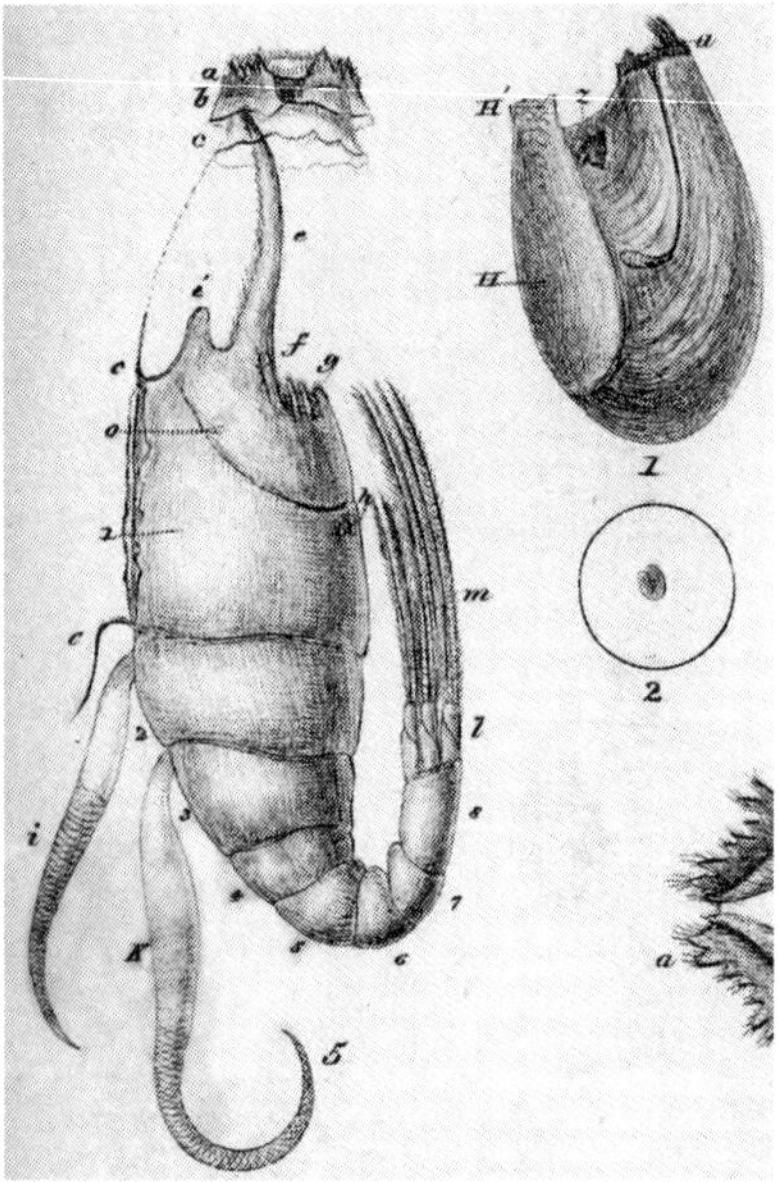

図2－4　「へんてこで小さな怪物」と形容された蔓脚類の一種（*Cryptophialus minutus*）1854年に出版されたモノグラフの図版より。

公表されるべきではないと感じていた。

フジツボの分類は進化論へのライセンス

理論の構築に知恵をしぼるかたわら、ビーグル号の航海中にチリ沿岸で採集した「へんてこで小さな怪物」のことがどうしても気がかりだった。それは食用の貝（アワビモドキ）の殻に穿孔《せんこう》しており、エビを変形させたような奇妙な格好をしていた（図2－4）。フジツボに近い仲間ということはわかったが、この生物の正体を明らかにするためにも、まずは標準的なフジツボを解剖して比較するしかない。この仕事はせいぜい一年くらいで済ませられるだろうと見積もっていた。

フジツボは石灰質の殻に覆われて岩場にくっついているから、洋の東西を問わず、かつては貝の仲間だと信じられていた。ダーウィンがフジツボの研究に着手したときは、それがエビやカニの仲間、すなわち甲殻類だと判明してから間もない頃だった。そのため、その新たな視点に立って体のしくみを調べ直す必要がある。目の前にフジツボのフロンティアが広がっていた。

図2－5　カメノテ

そこでダーウィンはチリの「小さな怪物」を新種として記載するだけでなく、フジツボやカメノテ（図2－5）が属する蔓脚類《まんきゃくるい》全体の分類に取りかかった。この大がかりな研究に着手した背景には、かねてからの海産無脊椎動物に対する愛情のほかに、フッカーからのささやきがあった。種の起源とは何なのかという大問題に挑むのに、分類学に取り組んだことがないのなら、それは地に足が付いておらず理屈が先行していると世間から思われてしまうでしょう。

つまり、蔓脚類のあらゆる種を網羅して分類し、新種を記載したモノグラフを完成させることが、進化論を世に問う上でのライセンスになるはずだ。そう納得したダーウィンは、得意の手紙攻勢で世界中の研究者に連絡を取ったり、博物館のコレクションを（異例のことだったが）自宅であるダウンハウスに取り寄せて研究を進めた。

のちに「ダーウィンモデル」として販売されるようになる特注の顕微鏡を使って、日々フジツボの解剖に励んだ。そのうち、種の境界がきわめて曖昧で、客観的な分類が難しいことに気づくようになる。

たとえば、ダーウィンが記載したタテジマフジツボは世界中に分布しており、地域ごとに形態が異なるから、初めは八つの異なる種に分けられた。しかし、さらにたくさんの地域のサンプルを比較するうちに、異なる種同士の中間型が見つかり、地域ごとの違いは連続的に移り変わることに気づく。これは、限られた地域のサンプルだけでなく、その種の分布域を広くカバーして徹底的に調べ上げたからこその発見である。結局、世界のタテジマフジツボはひとつの種であると結論づけた。

同様のことはアカフジツボの仲間でも起きた（口絵11）。同じ種としてまとめてみては、原稿を破り捨てて異なる種に分け、再び観察を行ないまた単一の種に戻す。こうしてダーウィンは「種を呪った」。これは「分類学者の自分にとっては困った問題」だったが、しかし「理論家の自分にとっては好都合」だった。

生物は長い時間をかけて少しずつ異なる種へと姿を変えていく。ある瞬間に新しい種が誕生するようなものではない。そのプロセスにおいて、はっきりと異なる種として見分けられるほどのペアもあれば、まだそれほどの違いが生まれていない、枝分かれして間もないペアもあるだろう。どこまでいけば異なる種だと認めるかは、人間の主観的な定義によるしかない。生物が祖先から徐々に進化して今に至るのなら、種の境界とはこうした曖昧なものになるはずだ。フジツボはまさしく種の本質に迫る洞察をダーウィンに与えてくれた。

現生の蔓脚類を網羅していくうちに、分類の研究は化石にも及んでいく。「愛すべきフジツボたち」は、目を酷使する顕微鏡観察と終わらないモノグラフの執筆によって、いつしか憎むべき研究対象に変わりつつあった。しかし、ダーウィンは中途半端なところで投げ出すことのできない完璧主義者だった。

原因不明の体調不良で仕事は思うように進まず、藁《わら》にもすがる思いで代替療法を試す。出産しては休む間もなく妊娠をくり返したエマは、身重になりながらも主人の看病にあたった。かねてから元気のなかった長女アンは、一〇歳になるときに重篤な病気に苦しんだ。自分の体質が子供に遺伝してしまったのだろうか。エマとの近親婚で生まれた子だから、もしかしたらその影響もあるのかもしれない。進化論の鍵となる遺伝の法則を追究する中で、残酷にもその法則は自分の子供たちにも降りかかっていたのだった。

看病の甲斐《かい》もなく、最愛のアンはその短い生涯を閉じた。それはダーウィンの人生でもっとも悲痛な出来事だった。これほど優しくて思いやりのある子に非情な運命が待っているなんて、神の御加護とは、天罰とは。ダーウィンは、心に残っていた信仰の欠片を完全に葬り去った。

性表現はグラデーション

生態学でいうところの「性表現」も、進化論に重要なインスピレーションを与えることになる。フジツボの多くの種は雌雄同体である。つまりどの個体も、オスとしてもメスとしても行動できるしくみになっている。オスとしては殻の中から交尾器を長く伸ばして隣の個体と交尾しようとする。メスとしてはその交尾を受け入れて、産卵する。

なぜ雌雄同体なのかというと、生活スタイルに関連している。フジツボのように岩にくっついて動けない生物では、自分の隣にいる個体が異性であるか定かではない。そのような状況で確実に受精するためには、オスとメスの両方の役割をこなせたほうが都合がよい。フジツボのほかにも、カタツムリやミミズといった動きが遅くて異性との出会いのチャンスが限られているグループでは、雌雄同体がよく見られる。

しかしダーウィンは、蔓脚類にも雌雄同体ではなく、通常の生物のように単にオスとメスに分かれている種がいることを発見した。そうした種では、オスはメスに比べてごく小さく、繁殖する以外の構造や機能をほとんど失って、メスにへばりついて生活していた。改めて観察してみると、フジツボの研究を始めたきっかけとなった「小さな怪物」も、見えていたのはメスで、さらに小さなオスが付着しているのだった。さらには、雌雄同体だが矮《わいしょう》小のオスもいるという、中間的な種も発見した。ダーウィンがそれで名付けた「補助オス」という専門用語は今でも使われている。

現在では、それぞれの種の暮らしぶりと性表現が密接に関わっていると考えられている。オスとメスに分かれている種では、一般的なフジツボのようには群生しておらず、海の中で個体同士が散らばって固着生活を送っている。その場合、どの個体もまったく動かないのでは受精しようがないので、オスがプランクトン時代に浮遊してメスのところまで移動し、その後はメスの表面に付着して暮らす繁殖プロセスが進化したのだと考えられている。

このように、性表現は多様で、グラデーションがある。一見すると、性のような生命の根幹に関わるシステムは、簡単には変えられないように思える。しかし、それでさえも状況に応じて段階的に進化するのだ。現に、「雌雄同体と補助オス」のような中間的な状態も存在している。自然淘汰の威力を示すこのパターンにダーウィンは得意気だった。

矮小のオスのような誰にも知られていなかったものをどうして発見できたのかといえば、それは「真実を見抜く本能」があったからだそうだ。博物学者として他の追随を許さない領域に達していたといえる。毎日フジツボの研究に没頭していたこの頃のダーウィンを目の当たりにして、息子のジョージは大人なら誰しもフジツボの研究をするものだと思い込み、近所の友だちの家を訪問したときに「君のお父さんはどこでフジツボの観察をしているの？」と尋ねたほどだった。

一八五一年から立てつづけに出版された蔓脚類のモノグラフは、現生種と化石種それぞれ二巻ずつの大作として結実し、全部でおよそ一二〇〇ページ、すべての種でイラストが描かれているという徹底ぶりだった。

これまでの地質学の研究に加えて蔓脚類の業績が絶賛され、一八五三年にダーウィンはロイヤルソサエティから栄誉あるロイヤルメダルを授与された。これは、一流科学者として世に認められる勲章だったし、「仕事がうまく行かず、すべてがむなしく思えるときに、自分が傾けた努力に対して他人が何がしかのことを思ってくれていた証拠」だった。この間に起きたアンの死のことも頭によぎったのかもしれない。弟子のフッカーを前に、涙を流して喜んだ。

科学史からすると、一八四六年から一八五四年におよぶフジツボ時代を、進化論の執筆を遅らせた「失われた八年」とする見方もある。あるいは、抽象的な理論から離れた自然史の記載は、よい息抜きだったとする見方もある。しかし、自然淘汰の前提となる変異の重要性を気づかせたのはフジツボだったし、その分類の大家となったからこそ、種とは何たるかを語るライセンスを手にしたのだ。一八五六年、ついに進化論のアイデアを世に公表するための「大著」の執筆を開始した。

しかしそれもまた、若き博物学者からの一通の手紙によってすべての計画が狂わされるのである。

図2－6 アルフレッド・ウォレス

ウォレスからの手紙と科学史

一八五八年六月、インドネシアの小島テルナテに滞在していたアルフレッド・ウォレス（図2－6）からダウンハウスに手紙が届く。ウォレスは標本ハンターとして熱帯の鳥や昆虫を採集し、ヨーロッパの博物館や裕福なコレクターに送って生計を立てていた。二〇代の頃に四年間にわたってアマゾン河流域を探検し、マラリアから回復してからは東南アジアを旅してもう四年。

かつてダーウィンがフンボルトの『南アメリカ旅行記』に影響されたように、ウォレスはダーウィンの『ビーグル号航海記』に感化されていた。アマチュア博物学者のウォレスにとって、すでに科学界で名を馳せていたダーウィンは雲の上のような存在だった。

今回の手紙には、ウォレスがしたためた論文が同封されていた。それは、ウォレスが独自にたどり着いた進化論の表明だった。種が徐々に枝分かれしていくこと、マルサスの人口論から自然淘汰を思いついたこと、生物の地理的な分布パターンをうまく説明できることまで、ダーウィンの進化論と一致している。ただし、一介の標本ハンターだったウォレスにとってこうした理論の真価はわかりかねたので、ダーウィンに論文を読んでもらい、発表に値するものなら地質学者のライエルに転送して公表の手筈を整えてほしい、と添えてあった。

これにはダーウィンもうろたえた。二〇年にもわたって密かに温めてきたアイデアが、この新鋭の論文によって出し抜かれてしまうなんて。科学者の栄誉にとって先取権ほど重要なものはない。ダーウィンだって先取権にこだわっていたし、一方でウォレスから先取権を横取りするような振る舞いをしたくはなかった。

そこで、あくまでもウォレス自身から依頼された通り、ダーウィンはまず親友かつメンターとなっていたライエルに相談した。ライエルは、それ以前のウォレスの論文にも進化論を匂わせる記述を見つけてはダーウィンに「大著」の執筆を急《せ》かしていたから、今回の件で

「ほら見たことか」と思ったことだろう。

結局フッカーの計らいもあって、ウォレスのテルナテ論文は、ダーウィンの未発表の「エッセイ」の抜粋などとともに、ロンドンのリンネ学会で共同発表という形で読み上げられた。これが、自然淘汰説が世に出た歴史的瞬間だった。しかし、猩紅熱《しょうこうねつ》で一歳半の息子を失ったばかりのダーウィンはダウンハウスから離れられず、むろんウォレスはインドネシアに滞在していた。とある教授の寸評では、「論文中の新しい点はすべて誤りであり、正しい点はすべて古い」とのことだった。明らかに、進化論のような壮大なパラダイムは短い論文で説明しきれるものではなかった。

進化論の先取権をめぐるこの科学史において、ウォレスはどこまでも寛容だった。ライエルとフッカーの段取り、そしてダーウィンがそれに従ったことを不公正だと思わなかったどころか、かの著名なダーウィンと同じ理論を共同発表することになったいきさつに感謝した。ダーウィンはこうしたウォレスの反応にほっとしたし、賞賛を惜しまなかった。ウォレスは東南アジアから帰国しても仕事に恵まれなかったから、ダーウィンはウォレスの生活費を工面するために奔走した。二人は理論の詳細について意見がかみ合わないことも少なくなかったが、どちらも世界中の自然を自分の目で見てきたし、博物学者としての経験を理論に仕立てあげることに長けていた。こうして二人の友情と切磋琢磨は続いていく。

そういうわけで、ダーウィンは自分の学説をより完全な形で、そしてより早く公表することを迫られていた。半分ほどまで書き終えていた「大著」は未完の大著となり、そのダイジェスト版である『種の起源』が一八五九年に出版されたのである。つまり、『種の起源』は新進気鋭の学者が勢いまかせに書き及んだものではなく、「スケッチ」と「エッセイ」の流れから入念な推敲を重ねた末の作品だった。しかも、「大著」の中から重要なエッセンスが抽出された抄論なのだ。自分では「要約」と呼んだ（といっても、読んでみれば綿密な理論とそれを裏打ちする膨大な事実に圧倒されることだろう）。

それまでに築いてきたダーウィンの名声のおかげもあって、『種の起源』初版の一二五〇部は即完売。その後、一八七二年の第六版まで版を重ねることになる。それでは、ダーウィンの研究スタイルに着目しながら、この代表作を読み解いていこう。

2　品種改良は進化のアナロジー

科学は農場で起きている

『種の起源』は第一章の「飼育栽培下での変異」から始まる。この秀逸な構成こそが、『種の起源』を名著たらしめている。

科学の主張を伝えるには、まず著者と読者が共通の土台に立たなくてはならない。のっけから意見がかみ合わないのなら、それ以降の議論は信じてもらえないからだ。しかし、仮説が斬新であればあるほど、既存の常識から自説へと導いていくのが難しいものだ。ダーウィンが共通の土台として選んだのは、人類がその手で成し遂げてきた家畜や栽培作物の品種改良だった。それは、読者を自然界の進化へといざなう最高のしかけだった。

科学が行なわれるのは農場ではない――ほとんどの博物学者は野生の動植物だけに目を向けて、家畜や農作物のことを軽視していた。一方で、農学もまた生物学の知見をうまく取り入れるような応用科学として育っていない時代だった。

そんな断絶の中、なぜダーウィンは人間の営みと家畜や農作物との関係に目を向けたのか。それは、育種家（ブリーダー）が動植物の中から人間にとって有用な変異を見つけ出し、その個体だけを選んで繁殖にまわし、少しずつその系統の形質を変化させていくことが、自然界に起きている進化と似ているプロセスだと気づいたからだ。ダーウィンはこれを「人為選抜」と呼んだ。

ウシやブタなどの家畜、小麦やトウモロコシなどの穀物、バラやパンジーなどの花卉《かき》。経験のある育種家は素人なら見落としてしまうわずかな変異にも目を光らせて拾いあげるというが、それは本当だろうか。さまざまな品種は祖先となる野生種から人為選抜によって生まれてきたといえるのか。だとしたら、その野生種はどこに分布している、どんな種類なのだろうか。

人たらしのアンケート攻勢

品種改良にまつわる問いに挑むため、ダーウィンは地理的にも時間的にも広い範囲から証拠をかき集めた。植民地だったインドをはじめ各地に滞在しているイギリスの商人や政府高官、宣教師にも手紙を出しては、世界中の家畜や作物に関する情報を収集した。また、人類が家畜の飼育を始めた初期の状況を探るため、古代ローマの博物誌家プリニウスの古典も読んだし、エジプトのファラオの壁画といった考古学的な遺跡にも手がかりを求めた。

育種家へのアンケートも作成した。それは四つ折りのパンフレットで、計四八個もの質問が列挙してある。「同じ種の中でもかなり異なる品種をかけ合わせたら、その子は父親と母親のどちらに似ますか？」「雑種にみられる外見や気質の中で、その両親の形質からは期待できなかったものはありますか？」「ある形質が子ではなく孫になって初めて現れる例を知っていますか？」「以後の質問も同様に、できるだけ多くの例を挙げてください」。

さすがにこれらの質問に回答するのは骨が折れる仕事だったのだろう、アンケートの回収率は低かったようだ。特定の種にフォーカスした質問でないと、具体的な回答を書きにくい。結局、このアンケート作戦は失敗に終わった。

しかしダーウィンの試行錯誤は終わらない。見知らぬ人から情報を引き出したり標本を送ってもらうには、個人宛ての手紙が中心になった。名士の科学者から「興味深い観察を来年もまた続けていただけることにいたく感謝致します」といってそそのかされたら、市井の育種家は気を良くして協力したにちがいない。これぞ、人たらしダーウィンの真骨頂だ。カイコの飼育（養蚕）で著名だったウィットビー夫人に対しては、繭《まゆ》を作らない系統を育種できないかという、実用的にはまったく価値のない実験をも無茶ぶりするほどだった。

ダーウィンは健康上の理由もあり自宅のダウンハウスに引きこもりがちだったが、孤高の科学者というわけではなかった。むしろ、その時代に使えたメディアを駆使し、国境や社会階級を越えて、（進化のアイディアはひた隠しながらも）自分の仲間をどんどん増やしていった。現代でいえば、ソーシャルメディアを使いながら一般市民に対しても分けへだてなく研究のネットワークを拡大していく、先鋭的な科学者といったところだろう。

ハト時代

品種改良された動植物の中でも、ダーウィンが入れ込んだのはハトだった。幼かった頃、

図2－7　さまざまなハトの品種
ポーター（左）、キャリアー（右上）、ファンテール（右下）。

自宅で母スザンナが観賞用のハトを大事に飼っていた。ひょっとすると、早世した母とのわずかなつながりのひとつに、ハトの思い出があったのかもしれない。

ビクトリア朝のイギリスでは、博物学ブームの流れで鑑賞用のハトの飼育が盛んになり、さまざまな品種が登場していた（図2－7）。伝書鳩の品種として知られるキャリアーと、そのくちばしを極端に短くしたような品種のバーブ。素嚢《そのう》がふくらんでいるポーターに、尾羽が多いファンテール。タンブラーは飛びながら宙返りするという芸当を見せる。姿だけでなく、行動にも品種間で違いがあった。

なぜダーウィンは研究対象としてハトを選んだのか。それは、「共通の祖先から人為選抜によって品種が多様化した」という自説のチェックにもっとも適していたからだ。好きだから研究してみる、といった純真な博物学者のモチベーションはもはや影をひそめていた。むしろ、さまざまな動植物の特性を勘案した上で、ハトに狙いを定めたハンターであった。

ハトは狭いケージの中で育ち、特別なケアも必要とせず、飼育にコストがあまりかからない。これは、社会階級を問わずハトの飼育が流行した理由でもある。また、ケージの中で一夫一妻を守るので、品種の系統を維持することも容易である。これがネコだったら、野良で自由きままに交尾して、すぐに雑種ができてしまうだろう。

さらに、生まれてから繁殖できるようになるまでの時間が短いことも、ハトを実験に用いるメリットだ。もちろん、先述したように多様な品種がいることも重要である。ダーウィンは自宅にハト小屋を作り、娘のヘンリエッタとともに飼育を楽しんだ。フジツボ時代のあと、一八五五年から三年間ほどは「ハト時代」だった。

ダーウィンはロンドン近郊の品評会に参加したり、ハト愛好家のクラブにいくつか加入した。産業革命によって貧富の差が拡大していた当時のイギリスでは、愛好家のクラブも社会階級ごとに運営されていた。ダーウィンは名家出身の裕福な身ではあったが、社会の分断を飛び越えて、労働者階級のクラブにも顔を出した。ついには安酒場で労働者たち（プロレタリア）と飲み交わしながら、ハトの育種にまつわる熟達したスキルの話に耳を傾けた。このエピソードからも、ダーウィンの開明的な態度がうかがえるだろう。

すべての品種はカワラバトから

ダーウィンは鑑賞用のハトのさまざまな品種が、すべてカワラバト（ドバト）という野生種（図2－8）を祖先としていることを確信した。その根拠について『種の起源』で徹底的に論じている。

まず、いくつもの品種がそれぞれ別々の野生種を祖先にしているのであれば、そうした野生種が野外で見つかるはずである。しかし、博物学が興隆して鳥類学者が目を光らせているにもかかわらず、ポーターやファンテールなどに似ている野生種は見つかっていない。そのような野生種がすでに絶滅したという可能性もなさそうだ。

また、カワラバトはケージの中で飼い慣らせるが、これは鳥の仲間としては例外的なことである。家畜化に成功した他の動物と同じように、カワラバトは人間の飼育下でうまく繁殖できるという奇跡のような特質を持ち合わせている。カワラバト以外のハトは神経質なため、なかなか家禽《かきん》にできないのだ。

さらに、見た目の異なる品種の間でも、交配すれば子供が生まれる。ダーウィンが自ら飼育していた理由もここにある。彼は、自分で新しい品種を作り出すことは意図していなかった。それには長い時間がかかるし、有用そうな変異を見つけ出す匠の技もなかった。むしろ、異なる品種も生物としては同じ種に属することを確かめるために、飼育と交配をくり返した。育種家は純粋な系統を維持したいから、異なる品種をかけ合わせるような真似はしなかったのだ。

異なる品種を交配させてみると、どちらの両親とも似つかない、野生のカワラバトに似た子が生まれることもあった。「先祖返り」と呼ばれる現象である。これもまた、カワラバトが祖先であることを示唆する証拠だった。

最後に、品種間の違いが著しいことと一見逆かもしれないが、すべての品種はカワラバトとの共通点が多い。群れで生活し、樹の上に巣を作ることはなく、クークーという声で鳴いて、卵を二個だけ産む。これらの特徴はハト科に属するさまざまな野生種に共通するのではなく、カワラバトと飼育品種のみに特有なのだ。

さらに、孵化後まもないヒナのくちばしや足の長さを

図2－8　カワラバト

計測してみると、どの品種も似通っていた。人為選抜によって多様化が助長されたのは「人目を引いたり愛玩心を喜ばした部分」のみであって、「人間が改変しようとは心がけなかった多くの形質や習性は、今でも互いにみんなよく似ている」のだ。

ダーウィンが確信した通り、鑑賞用のハトのさまざまな品種がカワラバトを祖先としていることは現代のDNA解析から証明されている。

家畜、果物、花卉、野菜

『種の起源』の第一章はあくまでも「大著」からの抜粋であって、その完全版は『家畜と栽培植物の変異』（以下、『変異』）として一八六八年に出版された。『変異』は上下巻合わせて九〇〇ページほど。『種の起源』全体の倍にもなるボリュームだ。

イヌ・ネコ・ブタ・ウシ・ウマ・ヒツジ・ヤギ・ウサギ・ハト・ニワトリ・カモ・クジャクなどの動物から、はたまたミツバチやカイコといった昆虫まで。植物では、小麦・トウモロコシ・キャベツ・エンドウ・大豆・ジャガイモ・ブドウ・リンゴ・モモ・スモモ・イチゴ・バラ・パンジーなどなど。とにかく網羅的で、この本に「農学者ダーウィン」の執念が結実したといってよい。

その冒頭での決意表明となる、彼の科学哲学が印象的だ。

自然科学の研究ではどんな「仮説」を編みだしてもいいのであって、もしそれが別々に生じたさまざまな現象を説明できるのなら、それはしっかりとした「理論」に昇華するのである。

『変異』はあくまでも人為選抜や遺伝のしくみに関する本だが、ダーウィンが「理論」となることを目論んだ「仮説」とは、自然淘汰による進化だった。

ハトの解説が中心となった『種の起源』では、ニワトリについては「イギリスで手に入るほぼすべての品種を自分自身で飼育して交配させてみた」とだけ、さらっと記述してある。一方、『変異』ではニワトリの各品種について詳しく紹介されている。ハトのようには説得的な証拠がそろわなかったものの、さまざまな品種が単一の野生種を祖先とすることを自分では確信していた。

ウサギでもさまざまな品種で形態や骨格を比較してみた。すると、腰椎《ようつい》の数や脳の大きさといった、生きる上で重要そうな器官にもバリエーションがあった。「博物学者は主要な器官は決して変異しないと絶えず主張する」――ダーウィンは定量的な分析によってその俗説を崩していく。

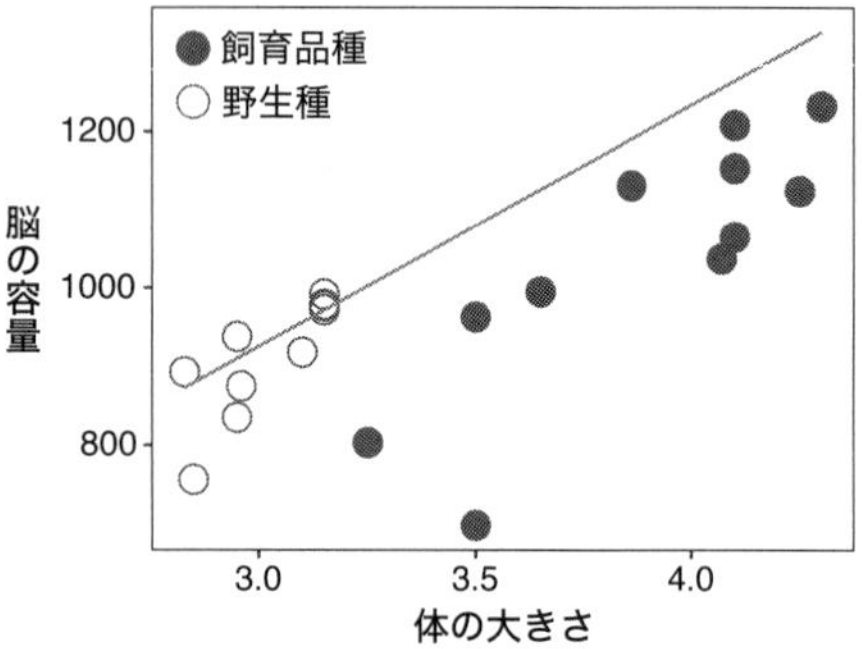

図2－9　ウサギの仲間における体の大きさと脳の容量の関係
飼育品種（黒丸）は野生種（白丸）に比べて体が大きいが、その割に脳はそれほど大きくない。『変異』のデータを用いて作成。

体の大きな品種ほどそれに伴って脳も大きくなるはずだから、脳の相対的な大きさを品種間で比較しなければならない。ダーウィンはこれをふまえつつ、頭蓋骨に細かな散弾を敷きつめて脳の容量を測定し、品種間で比較した（図2－9）。飼育品種は野生種よりも脳が小さくなるというパターンはさまざまな動物で知られるようになるが、それを定量的に示した先駆的な解析である。

動物だけでなく、花卉も興味深い。パンジーは野生のスミレから近年になって栽培化され、草本なので栽培もしやすく、研究する価値があると思われた。だがよく調べてみると、スミレには野生種が多くて祖先を特定するのが難しく、「この企ては植物学者でないと手に負えないものと思ってあきらめた」。やはりハトに勝る研究対象は見つからなかった。

ヨーロッパ各地で栽培されているヒヤシンスやカーネーションといった園芸品種の知見を

収集できた一方で、鎖国の影響もあり、ヨーロッパから日本へ渡航する植物収集家《プラントハンター》は限られていた。そのため、ダーウィンの著作で日本の品種についての言及はほとんどない。

江戸時代から明治時代にかけて、日本でも庶民のあいだで園芸が大流行し、キク・ツバキ・アサガオなどで独自の品種が爆発的に生まれていった。『変異』の初版が出版されたのは、ちょうど明治維新が起きた一八六八年。極東の品種をダーウィンが目にしていたなら、彼にどんなインスピレーションを与えただろうか。

無意識の選抜

自然淘汰のアナロジーとしてダーウィンが重視したのは、長い時間の中で小さな変異を少しずつ積み重ねていくプロセスである。長らくたくさんの個体を飼育していると、突然変異によって「奇形」や「モンスター」とも呼べる風変わりな形質がいきなり現れることもある。たしかにこのような突然変異が品種改良に役に立つ場合もある。しかし、そのようなチャンスに頼るより、育種家が着実に選抜していくプロセスのほうが品種改良にとって重要なはずだ。

ただし、育種家が明白な目標をもって有用な品種を作りあげていくプロセスは、自然界で生じうることの完璧なアナロジーにはなっていない。自然界には、「もっと乳の出る牛にしたい」とか「もっと甘いイチゴが欲しい」といった欲望を抱くデザイナーは存在しないからだ。

むしろ、ダーウィンは「無意識の選抜」と名付けたプロセスを重視した。いったん理想の品種ができあがったら、育種家はどうするか。系統を維持するために繁殖と飼育を続ける中で、「育種家は品種を永久に改変しつづけたいと思っているわけでもなければ、遠い将来を見通すわけでもない」。しかし、生まれた子の中からすべての個体を繁殖にまわすわけにはいかないから、その中でも元気そうな個体や有用そうな形質をもつ個体を無意識に選んでいるはずだ。

たとえば、種子の発芽のタイミングを考えてみよう。どの種子でも発芽のタイミングがそろっていると、栽培しやすい。ただ、普通に栽培していれば、発芽が均一で収穫しやすくなる系統が育種家にピックアップされやすいだろう。よって、発芽のタイミングが均一な系統を選ぼうという意志がなくても、自然と栽培に適した系統になっていく。これを幾世代にもわたって延々とくり返していく。すると、「育種家が何の意図することもなく、方法も考えずにいながら、徐々ではあるが確実に大きな結果を生み出していく」。この無意識の選抜こそが、自然淘汰により近いプロセスだといえそうだ。

理論に抜け目なし。ウマの走りも、花の美しさも、野菜の味も、意図せず時代とともに変遷しているのだ。

3　生存闘争から生命の大樹へ

小進化と大進化

家畜や作物の品種改良を足がかりに、いよいよ『種の起源』は自然界の謎に立ち向かう。ダーウィンが提唱した自然淘汰のプロセスは以下のようにまとめられる。生物の集団の中であるタイプが別のタイプに比べて生存や繁殖の上で少しでも有利で、その特徴が親から子へと遺伝するならば、有利なタイプが世代を経て増えていく。この説明からすると、自然淘汰は短期間に起こる現象だといえる。世代を経るごとに形質は進化しうるからだ。

一方で、ある集団から別の種が新たに誕生すること、すなわち「種分化」は、もっと時間のかかる現象である。一般的には、何万年といった長いスケールの時間（正確には世代数）を必要とする。そのため、私たちが一生の間で動植物の種分化を直接観察できるようなものではない。

ダーウィンは、自然淘汰という小さな積み重ねが長きにわたって続くことで、やがては種分化につながることを提唱した。現代では、世代をこえて生じる形質の置き換わりを「小進化」、生物の見た目が大きく変化したり新しい種が誕生していくことを「大進化」と呼んで区別することがある。つまり、小進化のステップが延々とくり返されることで、大進化が起こるというわけだ。これがダーウィン進化論の骨格である。

しかしダーウィンは、『種の起源』の中で小進化と大進化を定義したり、明示的に区別することはなかった。時間スケールの異なる現象にもかかわらず、同じ第四章の「自然淘汰」でそのふたつのことがまとめて論述されているほどである。これは小進化と大進化という現代のすっきりした整理に比べると、わかりにくいかもしれない。だがおそらく、ダーウィンはあえてそうした説明の仕方を選んだのだろう。

なぜダーウィンはこうした区別を曖昧なままにしたのか。その説明アプローチを理解するために、そもそも彼が生物の種をどのように捉えていたのか、『種の起源』を読み進めてみよう。

種の定義など存在しない

「駆け出しの博物学者が、自分にとってなじみのない生物グループの研究を始める場合を考えてみよう」——『種の起源』の第二章「自然条件下での変異」で、ダーウィンはフジツボの分類に着手したばかりの自分を重ね合わせていたにちがいない。

種とは何なのだろう。同じ種に属しているものの、別々の地域に分布していて特徴の異なる集団は「亜種」と呼ばれている。それでは、特徴にどれくらいの違いがあれば、亜種さらには種として区別されるのだろうか。地域ごとに特徴を比較していくと、実際にはグラデーションのように変化していき、必ずしもどこかで断絶が見られるわけではない。これはまさしく、ダーウィン自身がフジツボの分類で直面した問題だった。

「困ったことに、種と亜種とのあいだの明確な境界は未だに設けられていない」――つまり、それぞれの博物学者が恣意的に決めるしかなかった、ということだ。この状況の結末として、ダーウィンはイギリスに生育する植物のリストに掲載された種数について指摘している。リストを作成した専門家によって、植物の種数が大きく異なっていたのだ。ある人は種を細かく分ける傾向があるのに対して、別の人は大きなひとまとまりの種として分類してしまう。これは、種と亜種の境界に客観的な基準がないこと、経験ある専門家のあいだであってもコンセンサスが得られていないことを意味している。

これをふまえてダーウィンは、「すべての博物学者が納得するような種の定義など未だに存在しない」と断言する。『種の起源』というタイトルながら「種」を定義しないというのは、自己矛盾のように感じられるかもしれない。定義ができないのは、種を細分化した「亜種」「品種」「変種」と呼ばれるカテゴリーであっても同様だった。

このダーウィンの態度は、単に定義が難しかったからあきらめた、といった類のものではない。それは、種の個別創造というパラダイムに対する挑戦だった。『種の起源』以前の科学者にとって、種とは神がそれぞれ創造してから不変のものだった。すなわち、種という存在とそれが進化しないことは、ワンセットの概念として定着していた。

そこでダーウィンとしては、種は定義からして進化しないとする、創造論から生まれてくるイメージをかわす必要があると考えた。「種の不変性」と固く結びついていた「種の実在」を明示的に受け入れることはせず、種とは「互いによく似た個体の集まりに対して任意に与えられた便宜的な呼び名」であり、「発見されてもいないし発見可能でもないもの」として片づけた。このように、客観的な定義を回避した姿勢をあくまでも貫いた。

現在よく流通している種の定義は、「生物学的種概念」と呼ばれているものである。ダーウィンの時代にこの用語は存在しなかったが、ダーウィン自身による以下の説明はそれに近いものといえるだろう。「二つの集団が交配して生まれた子供にほんの少しでも不妊の兆候が見られれば、通常はそれらの集団が別々の種であるとみなされる。二つの集団が同じ地域に住んでいながらも交配することなくずっと存続してきたということであれば、それが互いの不妊が原因にせよ、互いに交配することを避けるという傾向が原因にせよ、別種とするのに十分な証拠と認められている」。このような定義を採用すると、同じ種かどうかを交配実験で確かめられるし、さまざまな研究プログラムを遂行しやすくなることもあり、進化生物学者のあいだで人気がある。

しかし、生物学的種概念ですべて済むというわけではない。たとえば、交配をしない無性生殖の生物や、実験で確かめようのない絶滅した生物に対してはうまく適用できない。実際には生物学的種概念のほかにもたくさんの「種の定義」が乱立しており、生物学者は場合に応じて使い分けている。このこと自体、種の定義が一筋縄ではいかないことを示唆しているだろう。

つまり、種の定義を避けたダーウィンの態度が間違いで、現代の生物学がそれを克服した、というわけでもない。生物学的種概念のような、人間が直感的に理解しやすく研究者が取り扱いやすい定義が自然界の現象を正しく表現できているとは限らない。八年にわたるフジツボ時代は、種の定義をめぐる高度な生物哲学につながったのだった。

生存闘争と相互作用ネットワーク

生まれた子の中から一部しか生き残れないという「生存闘争」。ここを深掘りしていくと、ダーウィンが生物同士の関わり合い（種間相互作用）を重要視した、生態学の先駆者であったことがわかる。

生存闘争と聞くと、何やら血なまぐさいことを想像するかもしれない。生き残るためにはエサを捕まえて、かつ、自分が食べられないよう天敵からの攻撃をかわす必要がある。また、同じ種類の中での競争に勝たなければ、限られた資源の中で子孫を残すことはできない。生存や繁殖に不利な形質をもつ個体は淘汰され、生存闘争を勝ち抜いた個体の形質がただ次世代へと遺伝されるのだ。

一方で、ダーウィンらが活躍したビクトリア朝時代では、神によって創造された自然は平和で慈愛に満ちているというロマンティックな自然観が支配的だった。ダーウィンは博物学者の視点からそれを打ち砕いていく。「一見すると、自然は歓びで輝き、この世には食べ物があふれているように見える。しかしそう見えるのは、のんきにさえずっている小鳥のほとんどが虫や種子を食べて生きており、常に殺生しているという事実に目を向けていないからである。あるいは、その小鳥たち、その卵やヒナたちもまた、猛禽類や肉食動物の餌食になっているという事実を忘れているからなのだ」。

生物は生態系の中で調和するよう他者と協力しているわけではない。マルサスが産業化社会における人口増加の抑制を予測したように、自然界の生存闘争もまた避けようがないのだ。

しかし、ダーウィンが『種の起源』で断りを入れているように、生存闘争はその語句から連想されるよりもずっと広いことを意味している。「二頭の飢えた肉食動物は獲物を得るために文字どおり闘争する。しかし、砂漠に生える植物も、本当のところは水不足に翻弄されているだけにしろ、乾燥を相手に生存のための闘争を演じている」。つまり、気候といった非生物的なものを含めたさまざまな要因が関与する中で、一部の個体しか生き延びることができず、集団の個体数が制限される状況を生存闘争とした。

個体の生存や繁殖に影響を与えて個体数を抑制する要因とは、実際にはどのようなものだろうか。ここでダーウィンは、生態系の中で生物同士が複雑なネットワークで結ばれており、種間相互作用の影響が次から次へと波及していく様子を描写する。例として、植物の種子の生産に関与する四段階ほどのステップを取り上げてみよう。

①パンジーやシロツメクサの花が受粉に成功するためには、マルハナバチが訪花するとよい。②ひるがえって、ネズミがいるとマルハナバチの巣を荒らす。③さらに、想像がつくように、ネコはネズミを捕食してその個体数を抑制する。④もちろん、人が住んでいる地域には飼いネコが多い。つまり、人が飼育するネコの数が、ネズミとマルハナバチを介して、植物の繁殖に間接的に影響していると予想できる。このように、個体の生き死には種間相互作用の連鎖に左右され、その結果として集団の個体数が制限されることになる。

ただし、現実の世界が人間の思い描くシナリオ通りに進んでいるのかは不明だ。「自然界の関係はこれほど単純ではない。小競り合いが入れ子状に延々と続き、勝利の行方も定まらないはずだ」。複雑な相互作用ネットワークの中で生物の個体数を制限している要因を特定するのがいかに難しいか、生態学者ダーウィンはよく認識していた。

『種の起源』の圧巻のひとつは、わからないことをはっきりとそう宣言していたことだ。それは、歴史的な現象（過去に起きた進化）を再現できないため検証しようがない、といったことではない。当時の手持ちのデータからは現状のパターンを説明できる論理は見つかりようがないという、限界まで考え抜いた末の降参だった。

遺伝の法則のほかにダーウィンの手に負えなかった問題は、野外の生物の個体数が決まるメカニズムである。これは今なお生態学の難問である。

生態学は「生物の分布と数を解明する学問」とも定義される。しかし、分布はともかく、とりわけ数が決まるしくみを特定するのは難しい。私たちの身の回りには外来種のように増えすぎる種もいれば、絶滅危惧種のように数の少ない種もいるが、何がそうした盛衰の分水嶺となっているのか、現代生態学の考えを適用してもすっきりと説明できない場合が多い。ましてや、生物の数をコントロールすることはさらに難しい。ダーウィンの降参は、この学問的問題の将来を予見していたかのようだった。

以上のように、『種の起源』の中でも生存闘争のパートは現代生態学の源流ともいうべき珠玉である。一方で、生存闘争という用語は今の専門家のあいだで使われることはあまりない。それは、その語感よりも実際には広い意味を含んでいたため誤解されやすかったことが原因かもしれない。あるいは、自然界では一部の個体しか生き残れないことが常識として定着したため、特定の用語がもはや必要とされなくなったからかもしれない。

工場での分業と分岐の原理

それでは、自然淘汰による進化はどのようにして新しい種の誕生へとつながるのだろうか。一見すると、そこには飛躍があるのではないかと感じられる。環境に対して生物の形質が適応していくことと、博物学者が認識できるような種の違いが生じることは、別物だからだ。現代では小進化と大進化というふうに区別されている通りである。

その飛躍を結びつけたのが、地質学的な時間の蓄積である。何万年もの時間をかけてサンゴの働きが環礁を形成するように、自然淘汰による進化も、毎世代のステップはごくわずかであっても、それが延々とくり返されるなら種の誕生という途方もない結果を生み出すはずだ。師として仰ぐ地質学者ライエルの自然観を生物の進化に対して忠実に適用したものだともいえる。どんなにスケールの大きな結末であっても、日々私たちが観察できる現象の積み重ねがもとになっているのだ。

厳密に考えると、単に地質学的な時間が経つだけでは、新しい種が生まれたり生物が多様化するとは限らない。環境が一定であれば、そこに適応しきった生物はもう進化せず変わりようがないからだ。「生きた化石」と呼ばれるシーラカンスのような、何千万年も姿をほとんど変えない生物だって存在している。

それではなぜ、地球上の生物はかくも多様になったのか。ある集団は異なる複数の種へと分かれ、さらに時間が経つとその枝分かれが続く。生物の進化には現状維持を許さないメカニズムが伴っていそうだった。

そのような種の分岐を促す原動力としてダーウィンが思いついたアイデアは、生存闘争と密接につながっている。個体数の多い集団では生存闘争も激しくなるから、それが緩和されるように、生物はライバルが少ない空きのある場所を好機とばかりに埋めていく。それぞれの集団が適応していくそうした環境を、ダーウィンは「自然界の経済における地位」と表現した。現代の生態学で「ニッチ」と呼ばれるものの原型である。自然淘汰を通じてニッチがおのずと満たされていく中で、生物の形質は多様化し、種が分かれていくイメージだ。

経済（エコノミー）と生態学（エコロジー）の現象には共通点が少なくない。一九世紀に生きたダーウィンは、ウェッジウッド家の工場をはじめとして、労働者の分業と産業の発展を目の当たりにしていた。労働を分割して専門化することで、全体としての生産性が向上する。

自然界には指揮系統があるわけではないが、「分業」の様子は似ている。それぞれの環境（ニッチ）に進出した生物がおのおの適応していく中で、生態系は洗練された種で満たされ、多様性が豊かになっていく。マルサスの人口論から生存闘争を着想したように、分業の概念から種の多様化を連想した。

ダーウィンはこの「分岐の原理」を馬車に乗っていたときに思いついたそうだ。エウレカ（わかった！）の瞬間だったのだろう、「その道のまさにその地点を思い出せる」ほど、生涯の記憶として残っていた。それは、ダーウィン進化論を完成させる決定的なピースだった。

本当の系統樹

過去から現在へと続く生命の歴史の中で、生物の集団は分岐しながらやがて新しい種となり、子孫は形を変えながら繁栄していく。一方で、よく似た種類同士では競争も激しくなるから、ある集団は絶滅してしまい、その系統の歴史は途絶えることになる。こうした進化の道筋は、時間軸に沿った「系統樹」として描くことができる。『種の起源』に唯一の図として掲載されたものである（図2－10）。

生物の系図を樹形に喩えることで、種の誕生だけでなく絶滅をもうまく表現した。太古の昔に絶滅した種については、化石として残らない限り私たちに知られることはない。しかし、

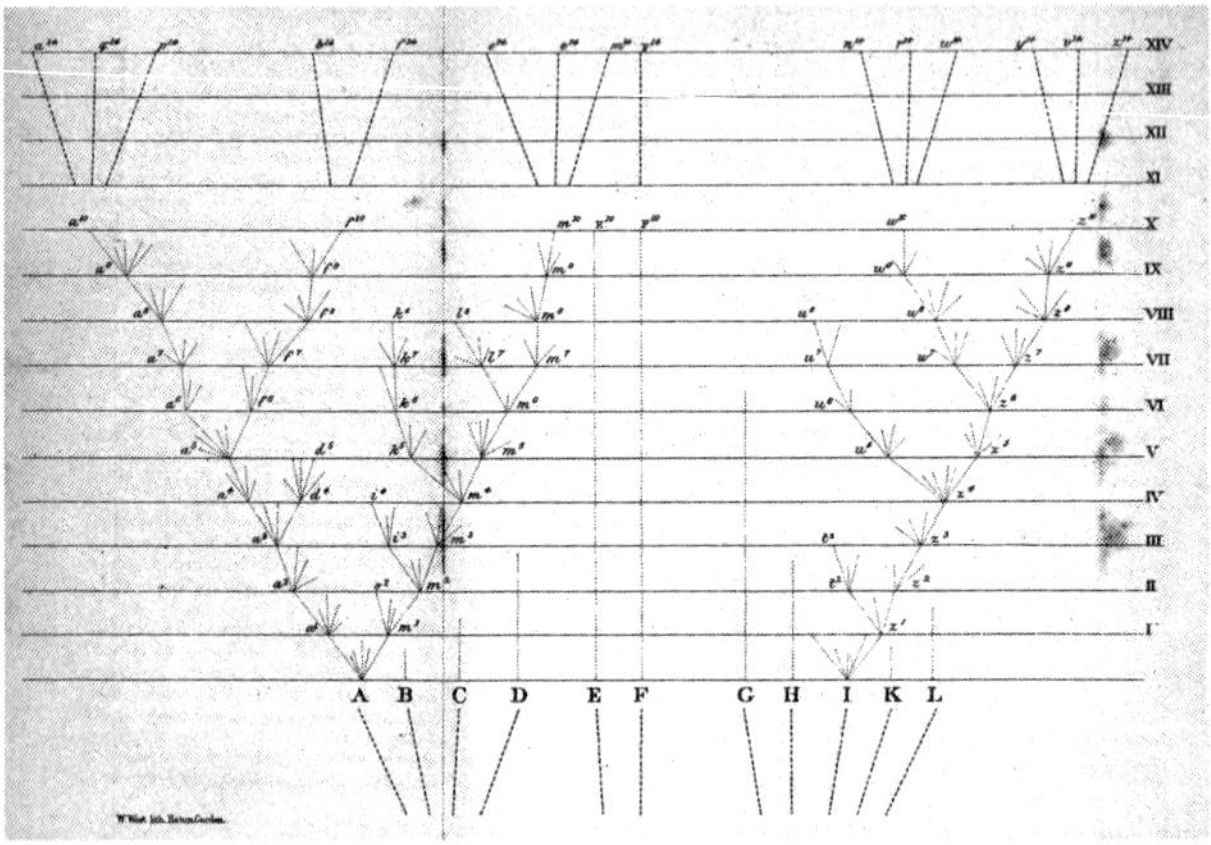

図２－10　『種の起源』の系統樹
図の下から上へと時間が進み、祖先的な種から枝分かれして新しい種が生まれる様子が描かれている。また、枝が途中で途切れているところは種の絶滅を表す。

分岐の原理により新たな種が次々と生まれつづけ、現在さまざまなニッチが生物によって満たされているのなら、それと引き換えに、競争に敗れて絶滅した無数の種がいることになるだろう。ダーウィンのたくましい想像力は、詩的な一節として結晶する。

芽は成長して新しい芽を生じていく。そして生命力に恵まれていれば、四方に枝を伸ばし、弱い枝を枯らしてしまう。それと同じで、世代を重ねた「生命の大樹」も、枯れ落ちた枝で地面を埋め尽くしつつも、枝分かれを続ける美しい樹形で地表を覆うことになるだろう。

『種の起源』で示された系統樹はいわば理論モデルである。実際の生物のグループを対象にダーウィンが系統樹の作成を試みたのはハトの品種のみで、『変異』に掲載されている。それは、形態の類似性や交配の実験をもとにそれぞれの品種の類縁関係を類推し、祖先であるカワラバトから多様な品種が生まれてきた道筋を示したものである。ただし、現在残っている品種を手がかりにするだけでは、どうしても系統関係がはっきりしない場合もある。ましてや、現生の種についての情報が少なかったり絶滅した種が多いグループでは、系統樹を描くのは難しいだろう。

ところが、ダーウィンは生物学の未来を予言していた。「私は生きて見届けることはできないでしょうけど、自然界のきわめて正確な系統樹が手に入るときがいずれ来るものと信じています」。進化生物学の発展を知っている人なら、この予言が的中していることに驚くはずだ。

現代ではDNAの情報をもとにして系統樹を作成できる。DNAには突然変異によってランダムに塩基配列が変更される領域があり、その変異は歴史とともに蓄積されていく。したがって、塩基配列にどのくらいの違いがあるか比較すれば、類縁関係を推定できる。こうして描かれた「分子系統樹」は、DNAという客観的かつ膨大なデータをもとにしており、あらゆる生物に適用できる解析方法である。

一九世紀のダーウィンは、遺伝物質がDNAであること、ましてやその配列に進化の時間が刻まれていることなど、知る由もなかった。よって、ダーウィンが何を根拠に「きわめて正確な系統樹」が手に入ると予想したのか、筆者にはわからない。おそらく、生物の形質は毎世代の遺伝によって脈々と受け継がれて今に至るわけだから、生物の体内には祖先への道筋を照らす何らかの痕跡が形態や生理物質として保存されていると想像したのではないだろうか。

4　あらゆる批判を打ち返す

ストイックな自問自答

「反対尋問をして、問題点を明らかにせよ」――もし自分の理論に欠点があるとしたら、それに最初に気づくのも自分でありたかった。だから、他者から批判を受ける前に、想定されうるあらゆる問題点を自ら洗い出し、そして打ち返していく。この自問自答は、自信の表れでもあるだろう。反論できるからこそ、自分から欠点をさらけ出すことができるのだ。

『種の起源』の第六章「学説の難点」で、ダーウィンは自説の問題点を整理している。具体的にはその後に続く章で、「中間的な種や化石が見られないのはなぜか」「複雑な行動も自然淘汰の結果なのか」「生物は現在の分布になるまでどのように移動したのか」といった問題について議論していく。

また、『種の起源』の第六版では、初版以降に寄せられた反論を受けて「自然淘汰説に対するさまざまな異論」という章が新たに挿入されている。しかしこの章はとても短く、ほとんど言いがかりに対応している程度である。本質的な問題とそれに対する回答は初版のときすでにダーウィン自身によって提示されていた。

理論の予測と現実のパターンが合致しないような「不都合な真実」から目をそむけず、自分で自分の理論を批判してみせるというストイックな姿勢については、晩年の自伝にも書かれている。これはすべての科学者が見習うべきことだが、なかなか真似できるものではないだろう。

長年にわたって、私は次の鉄則を遵守してきた。それは、公表された事実であれ新しい観察や考えであれ、私の一般的な結論に反するものに気がついたときには、それを漏れなくすぐに書き留めておくことである。というのは、このような事実や考えは都合のよい事実や考えよりもずっと記憶から逃げてしまいやすいことを経験的に知っていたからである。

中間的な種がいない理由

自然淘汰によって徐々に形質が変化していくのなら、異なる種同士を連続的につなぐ生物が存在するはずである。しかし現実には、種の違いはしばしば断続的で、そのような中間的な種は見られない。やはり、種はそれぞれ個別に創造されたと考えるほうが妥当ではないか。これはもっともわかりやすい反論のひとつである。これに対してダーウィンは、生態学者、地質学者、そして古生物学者としての視点を総動員して受け答えていく。

まずは生態学的な理由を検討してみよう。たしかに生物が徐々に進化してきたとはいえ、すべての段階の種が歴史の中を生き延びて現在に至っているわけではない。異なる種同士で限られたニッチをめぐって競争するから、新しい種の誕生と既存の種の絶滅はいわばワンセットの現象となる。特に、似たもの同士では競争が激しくなるはずだから、系統の近い種は絶滅しやすくなるはずだ。

近縁種間で特に競争が強くなるというのはダーウィンが力説したポイントだ。その顕著な例として、外来種は近縁の在来種がいると侵入・定着しにくくなることが昔から知られており、今では「ダーウィンの帰化仮説」と呼ばれるほどである。侵略的な外来種は社会問題にもつながるので、ダーウィンの帰化仮説は応用面にも直結している。

以上のように、過去の絶滅を考慮すれば、現在の地球上で暮らす生物では異種間のつながりが断続的になり、中間的な存在が見られないことになる。これは、『種の起源』唯一の図である系統樹にも反映されている。時間軸の中で多くの系統は途絶え、競争を勝ち抜いた系統のみが現在へ至るのである。

始祖鳥の化石は攻めの一手

それでは、中間的な種が現在は見られないとして、過去には存在していたわけだから、化石としては残っているはずだろう。しかし、化石の記録も少なく、それを足し合わせてもきれいなつながりが生まれるわけではない。むしろ、それぞれの種は地質学的な時間の中で突如として生まれたと捉えるほうが妥当なのではないか。予想されたこの反論に対しては、続く「地質学的証拠の不完全さについて」の章で回答していく。

まず、骨や歯といった硬い組織でなければほとんど化石として残らない。そのような組織であっても、たいていの場合は生物の死後に腐敗し分解され、跡形もなくなってしまう。化石として保存されるのは、奇跡的に土砂に埋没されるなどして形をとどめることになったごくわずかな個体のみなのだ。そのような化石を含む地層ですら、波や雨によって削り取られてしまえば、化石もろとも永遠に消え去ってしまう。ましてや、ヨーロッパとアメリカを除いて古生物学の調査がほとんど進んでいなかった時代だから、地球上に残されたわずかな証拠でさえ人類はアクセスできないでいた。これらの理由から化石は発見されにくいため、中間的な種を見つけることなど簡単ではないのだ。

とはいえ、古生物学の調査が進むにつれて新たな種の化石は発見されつづけている。それらはどれも、現生の種の祖先だったり、途絶えた系統の存在を今に知らしめる動かぬ証拠だ。たとえば、『種の起源』の初版から二年後の一八六一年、ドイツで始祖鳥の見事な化石が発見された。それは羽毛のある恐竜のようで、鳥と爬虫類の中間的な姿をしていた。ダーウィンも「近年でもっとも驚嘆すべき発見」と言及したように、運が良ければ中間的な種に該当するような化石が保存され、私たちの目に触れることになる。

中間的な種やその化石が見つからないというまっとうな反論に対しては、弁明する必要があった。しかし、新たな化石が発見されるにつれ、進化論を支持する証拠は増えていった。一見すると理論の欠陥や例外的なパターンに見えることさえも包括的に説明できるとしたら、その理論はより強固なものになっていく。つまり、「学説の難点」から始まる数章は防戦一方だったのではなく、むしろ攻めの一手だったのだ。

アリとアブラムシの協力関係

生物の進化を考える上で、形・色・大きさといった見た目や構造についてはイメージしやすいだろう。その一方で、行動や習性といった形質も、生物の生存や繁殖にとって欠かせない。『種の起源』の「本能」の章では、カッコウの托卵《たくらん》（他種の鳥の巣に卵を産みつけてヒナを育てさせること）や、フランスの昆虫学者アンリ・ファーブルが観察した、巣穴と獲物を横取りする狩りバチについて紹介されている。果たして、こうした突飛な行動も遺伝して、自然淘汰によって進化したといえるのだろうか。

今では、行動も自然淘汰の対象であることがわかっている。たとえば、モデル生物として有名なキイロショウジョウバエでは、ひとつの遺伝子の違いによって、幼虫（うじ虫）のときにせかせかと歩き回るのか、それともおっとりとしてあまり動かないのかが決まってくる。もっとも、複雑な行動については複数の遺伝子によって支配されている場合が多い。

ダーウィン自身はアリとアブラムシを対象におもしろい実験をしている。アリが触角でアブラムシの背中を叩くと、アブラムシはお尻から甘露（糖分が含まれた液体の排泄物）を出す。アリにとってはよいごちそうになるのだ。ダーウィンは「アリが触角でやる仕草を精一杯まねて、髪の毛でアブラムシをくすぐったりなでたりしてみた」のだが、アブラムシは甘露をまったく分泌しなかった。きっと、アブラムシは単純な物理的刺激に反応しているのではなく、アリに特異的に反応できるメカニズムを持っているのだろう。

この話で重要なことは、行動は誰のために進化するのか、という問題である。ダーウィンの解釈はこうだ。アリは糖分の含まれた栄養を摂取できる。アブラムシは、べとべとした排泄物で生息場所が汚れてしまうと困るので、アリに掃除してもらう。つまり、アブラムシはアリに無償の奉仕をしているのではなく、あくまでも自分にとってメリットとなる行動をしているのだ。

今では、アブラムシが甘露でアリを引き寄せることで、アブラムシの天敵となるテントウムシなどの昆虫を排除してもらう、すなわちアリをボディーガードとして利用していると考えられている。『種の起源』の当時はまだこのような相互作用は検討されていなかったようだ。いずれにせよ、それぞれの生物が自分の利益になるための行動をとっているのであって、他者のためだけに向けられた行動は進化しえない。何らかの形で自分の利益にならなければ、そうした形質が世代をこえて自分の子孫に広まることはないからだ。これが自然淘汰の原則である。

この議論を進めていくと、ダーウィンは進化論にとって最大の難問にぶつかった。それは、自分で繁殖せずに他個体に尽くすだけの行動をどう説明するか、という問題である。

群れで生活する生物は少なくないが、その中でも、まったく繁殖しない個体を含むものは「真社会性」と呼ばれている。代表的なものがアリやハチの仲間である。女王アリは産卵する一方で、ワーカー（働きアリ）はメスにもかかわらず自分で産卵することはない。ワーカーは、エサ集め・子育て・巣の衛生管理・コロニー（集団）の防衛といった労働に専念し、コロニー全体がうまく機能するよう高度に役割分担している。

それでは、自分で子孫を残せないのなら、ワーカーの形質はどのようにして次世代へ遺伝して進化するのだろうか。一見すると、生殖能力をもたないワーカーの存在は自然淘汰で説明しようがない現象のように思われる。

真社会性という謎の解明は、ウィルアム・ハミルトン（一九三六～二〇〇〇）の登場まで待たなければならなかった。イギリスに生まれ、『種の起源』を読んで育ったハミルトンは、昆虫が好きで数学の得意な理論家だった。一九六四年に定式化された「血縁淘汰説」は、繁殖しないワーカーの存在のみならず、生物の家族でみられる協力関係の進化を説明する画期的な理論である。

女王とその子供（娘）であるワーカーは血縁関係が近く、同じ遺伝子を共有している。このとき、ワーカーからしてみても、自分で繁殖するよりも労働に専念して女王に繁殖してもらったほうが、その遺伝子を次世代に伝える上で効率がよいときがある。よって、ワーカーが繁殖を放棄し、女王やコロニー全体に尽くすような形質が進化しうる（そのような形質をコードする遺伝子が繁殖する女王を通じて伝達される）のだ。これが血縁淘汰による真社会性の進化のおおまかな説明である。

ハミルトンの血縁淘汰説は、ダーウィンの進化論以降、進化生物学の理論における最大のブレイクスルーだといってよい。ダーウィンが主張したように、同じ種であっても個体同士は互いに競争している。毎世代の進化の中で、利他的（自己犠牲的）な個体は利己的（自分勝手）な個体に打ち負かされて、淘汰されてしまうはずだ。つまり、生物は「種族の保存や集団全体のため」に進化するはずがない。しかし、それでは個を犠牲にして集団に尽くす真社会性を理解できなかった。ハミルトンは血縁者間では遺伝子が共有されやすいことに着目し、『種の起源』からおよそ一〇〇年後、その呪縛を解き放った。

ダーウィンの時代には遺伝のメカニズムが解明されていなかったから、血縁淘汰などわかるはずもなかった。しかし、ダーウィンが手持ちの知識をフル活用してこの難問に挑み、現代からみても違和感のない結論に到達していたことが読みとれる。ここでも思考の材料になったのが作物と家畜の品種改良だった。

自然淘汰は個体だけでなく家族にも適用可能だ。〔…〕おいしい野菜を調理すればその個体は死ぬが、同じ系統の種子をまけばほぼ同じ品種が手に入ることを園芸家は疑わない。ウシの育種家は、肉と脂肪が霜降りになったウシを望む。肉がその状態になっていることを確かめられたウシは殺されているわけだが、育種家は迷うことなくそれと同じ家族を選ぶ。〔…〕そういうわけで私は、社会性昆虫でも事情は同じだったと信じている。

ダーウィンは、繁殖をしないワーカーの形質がコロニー全体にとってメリットとなる場合、その集団はうまく生き延びることができ、繁殖をする女王を通してワーカーの形質が次世代へ伝えられると考えた。そのプロセス、すなわち家族レベルの自然淘汰がくり返されることによってコロニー内の分業はさらに進み、集団として繁栄していくと予想した。

真社会性の種では、まさに家畜の選抜と同じように、特定の個体が繁殖せずに死に絶えても、その形質は同じ家系の他のメンバーによって維持されうるのだ。血縁淘汰という正解を知った現代からすれば、ダーウィンが当時の知見の中で限りなく正解に近づいていたと見なすことができるだろう。

地理分布で進化論をアップデート

ダーウィンの進化論を要約すれば、生物が生存闘争を経て、遺伝と淘汰を通じて環境に適したタイプが増えていき、結果としてさまざまな種へと分岐していく、ということだった。その理論は、『種の起源』終盤の生物地理学に関するふたつの章で、さらに包括的なものになる。それは、過去から現在への時間軸だけでなく、生物が分布する地理的な広がりも取り入れることであった。思えば、系統樹では歴史を描写できているものの、そこに地理的な空間の概念はなかった。

ダーウィンは、それぞれの種や系統にはあるひとつの発祥地があり、そこから長い時間をかけて分布が拡大すると考えた。たとえば、アルマジロやナマケモノの仲間は、化石を含めてアメリカ大陸からしか発見されていないが、それは共通の祖先がこの地で誕生し、その子孫となる種が同じ大陸の中で分布を拡大していったことを示唆していた。

一方で、もし生物が個別に創造されたとしたら、同じ種であっても生誕の地が複数あってもよいことになるだろう。生物の暮らす気候条件がマッチしていれば、アメリカ大陸だけでなくアジアやヨーロッパでも同じ種が分布していていいはずだ。よって、生物の地理的な分布もまた、進化論と創造論が対立する重要なテーマだった。

「類縁関係のある生物は共通の祖先に由来しており、本《もと》を正せば一地点から分布が広がったものである」――こうして進化論は歴史に空間を取り入れてアップデートされた。しかしここで手強《てごわ》かったのは、生物の移動を説明しなければならないことだった。複数の地域で発祥したのではないなら、現在の分布となるまでに、生物はどのように移動したというのか。

実際、太平洋に散らばった島々に共通して分布する植物が何種類も知られていたが、果たして植物がそうした長距離を移動できるのかは疑問だった。また、池や湖に生息する貝や水草は、陸地が障壁となって分散できないはずなのに、離れた環境でも同じ種が生息している。単一の生誕地という主張を貫くために、これらは説明されるべき現象だった。

植物は海を渡れるか

生物の移動能力を調べたダーウィンの実験はどれも創造性にあふれ、とにかく徹底している。これもまた、フジツボの分類やハトの品種改良と比肩する、特筆すべき業績である。

まずは植物が海を渡れるか考察するための実験。「八七種類の種子を海水に二八日間浸した。すると驚いたことに六四種類が発芽し、一三七日間浸しても生きていたものが数種類あった」。しかし、植物に詳しいフッカーは真っ当な指摘をする。種子が海底に沈んでしまえば、海を渡ることはできない！　だから、海水の中でどれだけ耐えられるかというよりも、海面にどれだけ浮かんでいられるかのほうが重要なはずだ。そこでダーウィンは実験を続けた。「熟した果実を付けた九四種類のうち一八種類は、乾燥させると二八日間以上浮いていることがわかった」。

これらの結果をもとに、以下の計算をする。当時、大西洋の海流の速さが知られていた。先述した種子の浮遊時間に、この速度をかけ合わせれば、種子が海洋を移動できる距離を算出できる。すると、それは一五〇〇キロあまりにもなる可能性が示唆された。これは、大陸から島へ、島から島へと植物が分布を拡大するのに十分なように思われた。

さらに、もう少し複雑な移動手段も検討した。鳥を媒介した種子の移動である。魚が水中で植物の種子を食べて、サギなどの水鳥がその魚を食べて飛んでいけば、植物の種子が遠くへ分散されることになるだろう。そこで金魚に粟や大麦、それからレタスやキャベツの種子を与えてみた。すると、たしかに金魚はぱくっと種子を口の中に入れた。しかしそれは長くは持たず、「金魚は猛烈な勢いで、それも私自身に劣らずうんざりした様子で、種子を全部吐き出してしまった」。これでは鳥に種子を運んでもらうことは難しそうだった。

「私の実験はどれもかなり低調です。何もかもがうまくいきません」。しかし、あきらめることはなかった。子供もアイデアを出してくれた。八歳の息子フランシスが「種子を食べた鳥が渡りの途中で雷か嵐で死んでしまったら、しばらく海の上に漂うことになるよね」と言うので、さっそくそのアイデアを実行に移してみた。エンドウの種子は、海水に浸すと死んでしまうのに、ハトの素嚢《そのう》の中に入ってしまえば、そのハトが死んで海水に三〇日間浮かべておいても発芽能力を失わなかった。

実験のためにロンドンの水族館や動物園を借りることもあった。タカやフクロウといった肉食の猛禽類は、素嚢に種子をたくわえた小鳥を丸呑みする。食後に猛禽類が吐き出すペレット(未消化の残骸)には小麦やクローバーなどの種子が含まれており、そのペレットを飼育員に回収してもらって、さらに種子を選り分けてもらった。その種子をダーウィンが土にまいてみると、正常に発芽することがわかった。つまり、一見すると長距離移動できなそうな植物であっても、種子を食べる鳥とさらにそれを食べる猛禽類の力を借りれば、海を渡れる可能性があるということだ。

淡水の生物を対象にした実験もある。スプーンで池の中の泥を少しすくって自宅の書斎に置いておいたところ、六ヵ月の間に五三七本の芽が出てきた。シギやチドリといった水鳥の足やくちばしにこうした泥がよく付着しているから、水草の種子も池から池へと移動するチャンスがあるはずだ。

また、死んだカモの足を水槽に浸けてみたところ、微小な稚貝《ちがい》がたくさん這い上がってきて、しかもしっかりとしがみついていた。稚貝は本来は水の中で暮らすものの、陸上でも二

○時間ほどは生存していた。よって、淡水性の貝の仲間も鳥を介して分布を広げられる可能性がある。

一九世紀版のクラウドソーシング

ダーウィンは自分で実験しただけでなく、ここでも広く情報を募った。園芸雑誌には「読者の中で似たような実験をしたことのある方は教えてもらえるでしょうか。どのような種類の種子が塩水に弱いでしょうか?」と宣伝して、園芸家たちを巻き込んだ。いわば「一九世紀版のクラウドソーシング」だ。

また、『種の起源』が出版されたあとは反響があって、世界各地から情報が寄せられた。アメリカのマサチューセッツ州では、撃たれたカモの水かきにイシガイがひっついていた。イギリスのエゾゲンゴロウモドキ(水生の甲虫の一種)にも淡水性の微小な貝が付着していた。これらの現象はめったに起こらないことかもしれないが、長い時間の中で生物が分布を拡大する上では大いに貢献したはずだ。ダーウィンは晩年、これらの知見を科学誌ネイチャーに発表した。

こうしたさまざまな移動手段についての研究は、「現代のダーウィンたち」と呼ぶべき、学問上の後継者たちによって盛んに続けられている。メジロとヒヨドリがノミガイ(二ミリほどの小さなカタツムリ）を食べてから糞を出すと、一五％ほどのノミガイは鳥の消化を免れて生き残っていた。カタツムリが鳥の体内に収まっている間に鳥が飛んで移動すれば、海水に弱いカタツムリでさえも海を渡れる可能性がある。実際、ハワイや小笠原のような海洋島にもたくさんの種類のカタツムリが分布している。こうしたロマンにあふれる実験はどれも、『種の起源』にルーツがあるといえるだろう。

以上のように、生物の移動に関する実験の数々は、アイデアにあふれた試行錯誤として興味深いだけでなく、その根幹には、種が別々の場所で個別に生まれたとする創造論の見方を破壊する目的があった。生物がこれほど移動できるはずがない、という批判を実験によって打ち返すことで、生物地理もまた進化論を支える強力な証拠となったのである。

若者へのメッセージ

「本書は全体がひとつの長い論証である」。終章でそう始まるように、『種の起源』は家畜と作物の品種改良から始まり、野生生物の変異と生存闘争、自然淘汰と分岐の原理を経て、最終的には生物学のあらゆる分野を統合する理論を仕立て上げるという構成になっている。その理論を支える圧倒的な証拠と、文筆家としてのダーウィンの筆致もまた魅力的だ。

本章では『種の起源』の内容をひとつひとつ追うというより、ダーウィンの研究スタイルが感じられるエピソードやダーウィン自身が実験に取り組んだテーマに着目した。そのため、紹介しきれなかったものの生物学として重要な議論もたくさんあるので、興味を持った方はぜひ『種の起源』を手に取って読んでみてほしい。今なお輝きつづける古典である。

最終章でダーウィンは次世代の若者たちを奮い立たせるメッセージを贈った。そこには、「私の見解とは正反対の立場から見た多数の事実を何年もかけて脳裏に刻み込んできたベテランの博物学者たち」には進化論をなかなか信じてもらえないという徒労感もうかがえる。それほど、宗教をベースとした旧世代の常識を覆すのは難しかったということだろう。

私がもっとも期待できるのは将来を担う伸び盛りの若い博物学者たちである。種は変わると信じるようになったのなら、その確信を誠実に公表すべきである。なぜなら、そうすることでのみ、このテーマを厚く覆っている偏見の重荷を取り払うことに大きく貢献できるからだ。

自然淘汰は世代をこえて生じるプロセスである。ある個体の一生の中で遺伝子のプログラムが書き換えられるわけではない。科学の思想も、ある人物の一生の中でドラスティックに変化することはほとんど期待できそうにない。

それよりはむしろ、科学におけるパラダイムシフトは世代交代とともに進むはずである――まさしく自然淘汰と同じように。より優れた理論は、批判にさらされながらも生き残り、私たちが世界を認識する道具として使われつづけることになる。『種の起源』の成功は、進化が常識となった現代の生物学が証明している。

第3章　人間の由来と性淘汰

1　ヒトと動物の心理学

人間の起源への野望

『種の起源』では、人間の起源についての話題は意図的に避けられていた。ただし、当時の読者の多くは、終章の意味深長な一節でダーウィンの次なる野望を汲み取っていたことだろう。

遠い将来を見通すと、さらに重要な研究分野が拓けているのが見える。心理学は新たな基盤の上に築かれることになるだろう。それは、心理的能力が少しずつ必然的に獲得されたという基盤である。やがて人間の起源とその歴史についても光が投じられることだろう。

そこで満を持して一八七一年、ダーウィンが六二歳のときに出版されるのが『人間の由来と性淘汰』(以下、『人間の由来』)である。

人間の進化というタブーに挑むことが若い頃から続く精神的なストレスとなり、長らく体調不良の原因になっていたにちがいない。ところが、『人間の由来』の中ではどこかふっきれており、周囲の雑音をいっさい耳にしていなかったかのようだ。「さて、それでは、博物学者が動物たちを見るときと同じような態度で人間を眺め、これらの一般的に認められた原理を人種に当てはめてみることにしよう」というように、雄弁で自信にあふれている。『家畜と栽培植物の変異』(『変異』)と同じように、著作冒頭での宣言が挑戦的かつ哲学的で、次の一節は現代の科学リテラシーにも通用しそうな戒めである。

人間の起源については決してわかることはないだろうと、しばしば自信をもって主張されてきた。しかし、知識よりも無知のほうがより多くの自信を生み出すものだ。いろいろな問題が科学によって解明されることは決してないだろうと強く主張するのは、より多くのことを知っている人たちではなく、少しのことしか知らない人たちである。

オランウータン、ジェニーとの出会い

ダーウィンが人間の由来について思索を始めたのは、『人間の由来』の出版のずっと前にさかのぼる。ビーグル号の航海から帰国して二年ほどの一八三八年、二九歳のダーウィンはオランウータンを観察するためにロンドン動物園を訪れた。

オランウータンはなぜイギリスにやってきたのか、前日譚を見ていこう。オランウータンは東南アジアのスマトラ島とボルネオ島のジャングルにのみ生息する大型の類人猿である。現地のマレー語でオランウータンは「森の人」を意味する。植民地の拡大に伴い、一七世紀にはヨーロッパにオランウータンの存在が知られるようになった。ただし、そのイメージはしばしば恐ろしいものとして歪曲され、アフリカに分布するチンパンジーやゴリラよりも謎に包まれた動物だった。

やがてオランウータンは生物学の研究対象となった。ラマルクは、オランウータンなどの類人猿が進化の梯子《はしご》を登りきると人間にまで行き着くと主張。これに対してライエルは、『地質学原理』で激しく反発した。人間が類人猿から進化したなど到底受け入れられなかったのである。

『地質学原理』の全三巻が完成した一八三三年、イギリスに初めて生きたオランウータンが

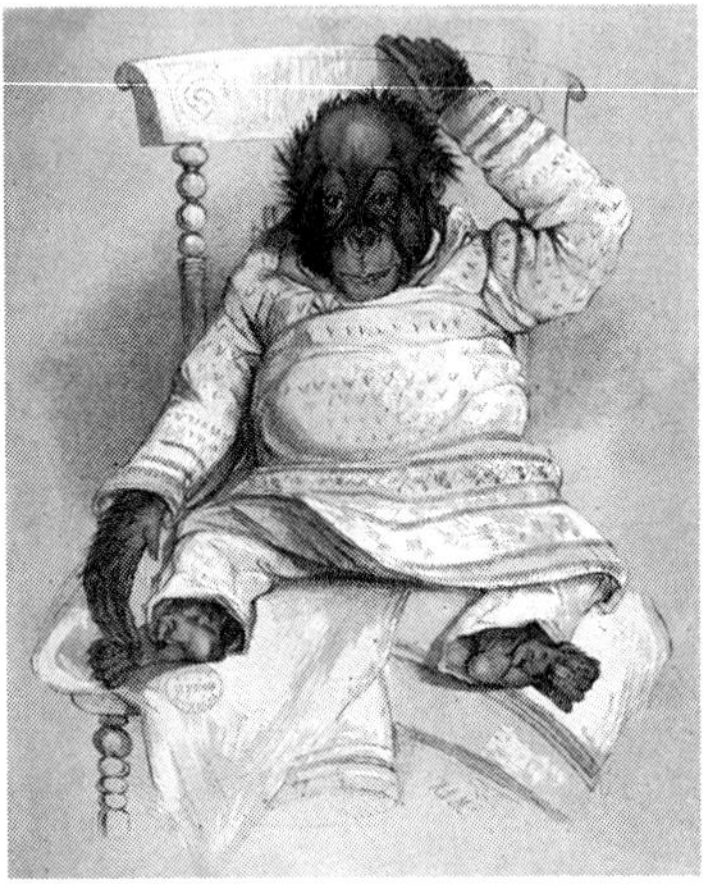

図3－1　オランウータンのジェニー

やってきた。ところが、寒さのためか、到着してわずか三日で死んでしまった。ダーウィン進化論の宿敵ともなるリチャード・オーウェンがその個体を解剖し、オランウータンの身体的な特徴が解明されていった。

その後ロンドン動物園に温室が建設されると、一八三七年一一月にメスのオランウータン、ジェニーがやってきた。ジェニーが洋服を着て、イスに座り、紅茶を飲んでいる姿が世間に広まっていった（図3－1）。アジアからはるばるやってきた謎多き類人猿が人間とよく似た仕草をしたというので、センセーションを巻き起こしたそうである。

当時、動物園はまだ一般に公開されていなかったが、ダーウィンはロンドン動物学会の会員だったため自由に出入りする特権があり、飼育員と協力して実験することもできた。たとえば、とぐろを巻いたヘビの剥製をオナガザルの小屋に入れたり、さらには本物のヘビが入った紙袋を大きな檻の真ん中に置いてみた。

すると、そのサルたちは恐怖と興奮ですぐさま毛を逆立てたが、「誘惑に抗しきれなくなり、頭を高く上げ、横にかしげて、恐ろしい物体が静かに横たわっている袋の口を、一頭また一頭と、ほんの一瞬だけ覗きにやってきた」。こうして、怖いもの見たさや好奇心といった高度な感情が動物に備わっていることを学んでいった。

一八三八年三月、ダーウィンは初めてジェニーに出会ったときの様子を姉のスーザンに手紙で伝えている。

飼育係がジェニーにリンゴを見せました。でも、それを与えはしなかったため、ジェニーは仰向けにひっくり返り、足をばたつかせたり泣き叫んだりと、まさにだだっ子のようでした。それからふくれっ面になり、二、三度怒りを爆発させたところで、飼育係が「ジェニー、わめくのをやめていい子になるなら、リンゴをやるぞ」と言いました。ジェニーはその言葉をすべて理解したらしく、子供みたいに泣くのをやめようと精いっぱい努力してついに泣き止み、リンゴを手に入れたのです。リンゴを持ったジェニーは肘掛け椅子に飛び込み、リンゴを食べ始めました。そのときの満足そうな顔といったらありません。

（『ダーウィン』）

「努力」や「満足そうな顔」という表現は、ダーウィンにとって単なる擬人化ではなかった。人間とオランウータンが共通の祖先から進化したからこそ、同じような感情や仕草を共有しているはずなのだ。人間と動物の差とは、「程度の問題であって、質の問題ではない」。人間が生物の中で特別な地位にあるのではなく、他の動物と進化的につながった存在であることを確信するようになる。

人間と動物の違いについての考察は、ダーウィンのリベラルな思想とあいまって、人種についての議論へとつながっていく。南アメリカ最南端で目にしたフエゴ島の「未開人」たちと、ニュートンやシェイクスピアといったイギリスが生んだ最高峰の傑人との間には、たしかに知性の面で差があるかもしれない。

しかし、フィッツロイがイギリスに連れ帰ったフエゴ島民三名は、しばらくすると英語を話せるようになり、英国式のマナーや倫理観を身につけていった。つまり、人種間には越えがたい断絶があるのではなく、何らかの形でつながっているのかもしれない。進化論の研究にとって、人間とは何なのかという問いは避けて通れるものではなかった。

「人類みな兄弟」か

ダーウィンが活躍していた時代、ヒトという種（ホモ・サピエンス）が誕生したプロセスだけでなく、世界中のさまざまな民族や人種がいかなる起源を持つのかさえわかっていなかった。人種は違えど共通の祖先から生まれたとする考え（単起源説）と、異なる人種には別々の由来があるとする考え（多起源説）の論争が繰り広げられていた。

神が人類を創造したのがアダムとイブの一回きりだとしたら、現在のさまざまな人種は彼らから派生した同種の生物ということになる。つまり、キリスト教と単起源説の相性はわるくない。一方で、プランテーション経済を基盤とするアメリカ南部などでは、白人と黒人が別々の種だとする主張が受け入れられていた。奴隷制の存続を支持する政治的なイデオロギーでは、多起源説が奴隷の所有や使役を正当化する科学的根拠のひとつとされていたからである。このように、当時の人種をめぐる解釈には宗教や政治性が入り混じっていて複雑だ。

ダーウィンは自然科学の立場から、人種とは何かという問いに答えていく。もっとも、ダーウィンの親戚たちは「人類みな兄弟」を標榜する奴隷制反対の立場をずっと貫いていたから、ダーウィンの原動力もその理念にもとづいていたのかもしれない。

ダーウィンは『変異』でハトが単一の野生種から多様な品種へと分かれていったことを論証してみせたように、『人間の由来』ではヒトのさまざまな人種が単一の起源をもつことを主張した。ビーグル号の航海で目にしたように、異なる人種のあいだに生まれた混血の子であっても正常に成長して子孫を残すことができる。これは、異なる人種が同じ種に属することの重要な証拠だった。

ただし、ダーウィンは人種の定義や客観的な区分は「ほとんど不可能」という立場をとった。フジツボの分類が難しかったように、連続的に変化していく人種もまた明確なラインによって分けられるものではない。実際、現代であっても人種というカテゴリーは社会で便宜的に使われているものであって、生物学的な実態はない。

ヒトに単一の起源があるとしたら、それはどこで生まれたのだろうか。東南アジアに分布するオランウータンよりも、アフリカに分布するゴリラとチンパンジーのほうが解剖学的な特徴がヒトとよく似ている。このことから、ダーウィンはヒトの発祥地をアフリカだと推察した。人類の化石がアフリカなどからほとんど得られていなかった時代、類人猿の形態と分布パターンから人類揺籃《ようらん》の地を言い当てたのは慧眼であった。

表情によるコミュニケーション

『人間の由来』では、ヒトと動物の身体的な特徴だけでなく、心理面に関する話題も多く含まれている。その中でも感情や表情にフォーカスした内容はもともと『人間の由来』のひとつの章になるはずだったが、それだけでだいぶ長くなってしまったので、一八七二年に単独の本『人間と動物における感情の表出』（以下、『感情』）として出版された。

『感情』はおもに人間と動物の顔の表情を扱っているため、邦題としては「表情」と呼ばれることが多い。ただし、顔以外のリアクションやボディランゲージも含まれている。たとえば、イヌは怒りを感じると毛並みを逆立ててしっぽを硬直させる。人間だって、威勢の良いときには手を腰に当てて胸を張り、逆に落ち込んだときには身をかがめてうつむく。このようなシグナルは、それを受け取る相手にとってどのようなメッセージとなるのか。同書は非言語コミュニケーションをはじめて進化の観点から分析した本だといえるだろう。

『感情』でダーウィンは、感情やそのアウトプットである表情が人間以外の動物にも存在しており、それが進化の結果として人間の祖先へと引き継がれ、現在のさまざまな人種に共有されていると主張する。つまり、感情や表情の普遍性を手がかりとして単起源説の証拠をまたひとつ積み上げ、ヨーロッパの白人が生物学的に特別な立場にあるという多起源説に由来する見方を否定していった。

これらの検証のためにダーウィンが採用した手法はどれも独創的である。当時の先端技術も使われたし、現在もなお主流の方法として使われつづけているものもある。

まずはお得意のアンケート。このアプローチは、家畜と栽培植物の起源を突き止めるために世界中の育種家から情報を集めたときと同じである。ヨーロッパの白人とその他の人種で表情や仕草が共通しているのか確かめるために、一六個の質問を用意した。そのうち始めの五つを紹介しよう。

①驚くと目や口を大きく開き、眉を上げますか。
②恥じると赤面しますか。それは体のどの部分まで及びますか。
③怒るときは眉をしかめ、体を起こし、拳を握りますか。
④何かを深く考えるときは眉をしかめたり下まぶたの下の皮膚がしわになりますか。
⑤ひどく落ち込んだときは口角が下がり、眉間にしわが寄りますか。

ヒトの表情は実に繊細であり、ダーウィンの用意した質問の記述もまた細かい。結果、イギリス植民地の宣教師などから三六件の回答を得た。観察対象となったのはオーストラリアのアボリジニが中心で、そのほかにもニュージーランドのマオリ族、インドやボルネオの先住民の事例も得られた。

ここでダーウィンが特にこだわったのは、これまで白人とあまり接してこなかった人々の事例を集めることだった。なぜなら、表情や感情がヨーロッパの白人から後天的に習得されたものではなく、それぞれの民族にもともと備わっているかどうか、つまり遺伝して進化してきたものなのか確かめたかったからである。

さらに、ダーウィンの探求は地理空間だけでなく、時代をも超えていく。考古学の遺跡や聖書の記述から古代の家畜化の証拠を探したのと同じように、ルネサンス時代の絵画や彫刻作品から、過去に生きた人々の表情を探ろうとした。しかし、それはうまくいかなかった。その理由は、「芸術作品は美しさが優先されるが、顔の筋肉を強く収縮させると美しさが損なわれてしまうから」だそうだ。

最先端の写真技法

ダーウィンが世界で初めて行なった研究手法で、現在の心理学でも使われているものがある。それは、被験者がある表情の写真を見せられて、その表情が何の感情を表わしているのか言い当てる実験である。ダーウィンはこの実験のために、当時発明されたばかりの写真技法「ヘリオグラフィ」で泣いている赤ちゃんの表情を撮影してもらった（図３‐２）。

実験に用いて『感情』の口絵としても掲載された写真は、フランスの神経科学者で表情の研究をしていたデュシェンヌ・ド・ブローニュから借用した。その掲載料についてダーウィンが問い合わせたところ、「科学者同士のことですので、そのような費用は必要ありません」と、気前よく対応してもらったエピソードも残っている。

デュシェンヌが作成した写真で、自然な笑顔と、顔の筋肉に電流を流して作られた不自然

図3－2　赤ちゃんの泣いている表情

な笑顔のものがある（図3－3）。嬉しかったり喜ぶときにだけ表出する自然な笑顔は、今では「デュシェンヌ・スマイル」と呼ばれるもので、感情もないのに作られた笑顔とは収縮する筋肉が異なるとされている。ダーウィンは同一人物の二種類の写真を老若男女のイギリス人に見せたところ、二四人のうち二一人もがその違いにはっきりと気づいた。作り笑いの写真に対しては、「性《たち》の悪い笑顔」とか「笑おうとはしている」といった感想であった。

　以上のように、表情は真実の感情を映し出す鏡なのかもしれない。つまり、特定の感情は特定の表情と結びついているということだ。であるからこそ、それを見た周りの人々は相手の感情を正しく類推できるのである。非言語コミュニケーションで使われる表情や仕草には偽りのメッセージが含まれにくく、現代では「正直シグナル」と呼ばれている。それが定式化されたのはようやく二〇世紀後半になってからのこと。ダーウィンといえば進化論を提唱した博物学者としてもっともよく知られているが、人間のコミュニケーションまで深く洞察していたのである。

図3－3　同一人物による自然な笑顔（左）と不自然な笑顔（右）

デュシェンヌの写真の被写体は、ヨーロッパの白人のみであった。その後、表情判断の実験はパプアニューギニアの先住民などを含むさまざまな人々を対象に行なわれ、ダーウィンが想定していたように、表情は人種や文化に関わらず普遍的であることが心理学におけるスタンダードな見方となっている。

このほかにも『感情』には、顔面の筋肉の解剖学的な観察や感情のカテゴリー分けといった、表情にまつわる先駆的な分析が多く含まれている。現代の表情研究の第一人者であるポール・エクマンに言わせると、『感情』

こそが「心理学の始まりとなる書」である。

赤ちゃん観察日誌

『感情』の出版から五年後の一八七七年、創刊して間もない心理学の学術誌『マインド』に、フランスのイポリット・テーヌによる論文が英語に翻訳されて掲載された。自分の娘を生まれた頃から観察しつづけて、幼児の心理や言語の習得について記述したものだった。

それに刺激を受けたダーウィンは、同じように自分の子供たちを観察して日記をつけた三七年前のノートをひもといた。それを元にまとめ上げた論文が「ある幼児の成長記録」と題してマインド誌に掲載された。

ダーウィンはマインド誌の創刊にも関与している。『感情』で心理学を自然科学の一分野として位置づけたダーウィンの世界観は、新たな学術誌のビジョンと合致していた。そのため、マインド誌の編集長となる人物から「ぜひ協力してほしい。心理学に関するどんな貢献でも歓迎します」との手紙を受け取っていた。

それに対してダーウィンは、「新しい学術誌の構想はすばらしく、きっと成功するでしょう。ただ、私にはまだ終わらない博物学の仕事がたくさん残されているので、貴殿の学術誌のお役には立てそうにありません」と返事しただけだった。だが実際には、テーヌの論文を読んでからわずか三ヵ月で自分の論文を仕上げたのだった。

「ある幼児の成長記録」は、一八三九年に生まれた長男ウィリアムの観察が中心になっている（図3－4）。まだダウンハウスに引っ越す前、ロンドンでエマと暮らしていた頃にさかのぼる出来事である。つまり、この論文が出版されるのはずっとあとのことだが、エマと新婚生活を送っていた頃にはすでに人間やその感情の進化について思索していたのだ。

図3－4　ダーウィンと長男ウィリアム
ロンドンに暮らし「成長記録」がつけられていた頃の写真。

なぜ第一子に着目したかというと、ダーウィンは感情や表情が生まれつきのものなのか、それとも周囲の刺激から学習して身につくものなのか、区別したかったからだ。前者だとすると、それは遺伝によって親から子へと伝わった本能である可能性が高いだろう。生まれたばかりの第一子なら、兄弟姉妹からの影響はなく、生得的な行動を見ることができる。

具体的な観察例をいくつか紹介し

よう。ビーグル号の旅で採取した標本に整然とラベルを付けていたのと同じように、赤ちゃんの日齢や仕草が正確に記録されているのがダーウィンらしさである。

「生後七日目、私は紙切れで赤ん坊の足の裏に触ってみたら、くすぐられたときのような感じで、つま先を丸めながらすっと足を引いた」。生まれたばかりの自分の子供に対しても実験せずにはいられなかったわけだ。この実験は、生まれつき備わっている感覚や反射を確かめることが目的だった。

生後七七日目、ウィリアムは右手で哺乳瓶を持ち始めた。左手を使うようになったのはそれから一週間後。つまり、右手のほうが先行していたわけだが、結局のところウィリアムは左利きに育った。「母親（エマのこと）もおじいさんも左利きだから、これは間違いなく遺伝によるものだろう」。

生後五ヵ月ともなれば、赤ちゃんは乳母の名前を理解していた。それは「ママ」という初めての言葉を発する前のことである。これは犬などの動物が人間の言葉を聞いて理解しているが、しかしその言葉を発するわけではないのと同じことだろう。ダーウィンは自分の赤ちゃんの発達を間近に見ながら、人間と動物の境界について考えをめぐらせていた。

観察日記という研究手法は、あまり客観的とはいえない。何より、観察例が自分の子供に限定されてしまうから、これで得られた知見を一般化するのは難しい。「私は自分の子供の発達を観察してきましたが、ほかの子供ではだいぶ状況が異なるでしょう」。この言明は研究手法の限界を示したわけだが、しかしそれと同時に、ダーウィンの論文に続く同じアプローチの研究を多く生み出すきっかけになった。現代では、マインド誌の論文は乳幼児の発達心理に関わる先駆的な研究例であると評価されている。

2　美しいオスを選ぶメスの好み

時代を先取りしすぎた性淘汰

ダーウィンの功績の中でも偉大で、しかも議論の絶えないものが性淘汰である。生き残りを賭けた生存闘争では、成長したり天敵から逃れるために少しでも有利で洗練された形質が進化していく。その一方で自然界では、クジャクのオスの羽に象徴されるように、メスへのアピールのためにきらびやかではあるが生存には役立たないような形態や行動も見られる。このような配偶相手の獲得をめぐる争いのために生じる進化のことを性淘汰という。

言葉の使い方は定義次第で、（広義の）自然淘汰の中に性淘汰を含める場合もあるし、生存などに限定した（狭義の）自然淘汰と繁殖のための性淘汰というように分ける場合もある。

ダーウィンは性淘汰のアイデアについて若い頃すでに着想していたが、『種の起源』では軽く触れただけで、『人間の由来』の下巻で詳述している。

性淘汰は大きくふたつの現象に分けられる。オス同士の闘争と、メスによる選択だ。シカやカブトムシのオスには武器ともいえるような角があり、それを使ってお互いに戦っている。その勝者がメスと交尾できるというわけだ。また、鳥のオスは派手な羽を使ってダンスをするし、カエルやキリギリスのオスはメスに向けて鳴き声を奏でる。これは、オス同士がフィジカルに戦うわけでなく、その美しさや技量をもとにメスが交尾相手にふさわしいオスを選んでいると考えられている。

『人間の由来』では、さまざまな動物にみられるオスの闘争とメスの選択の事例がこれでもかとばかりに列挙されていく。ここは博物学者としての本領発揮だ。

カニ・エビ・クモといった節足動物、昆虫ではハチ・セミ・バッタなど。特に、オスだけに大きく複雑な形の角があるクワガタやフンコロガシの仲間については、挿し絵をふんだんに使ってその美しさと多様性を図示した（図3－5）。これには甲虫マニアだった若い頃の想いが乗せられていることだろう。魚類、両生類、爬虫類、鳥類、哺乳類と続く、脊椎動物の例も豊富だ。

ビーグル号での旅の途上、チリで出会った「すばらしいクワガタ」のオスは、胴体よりも

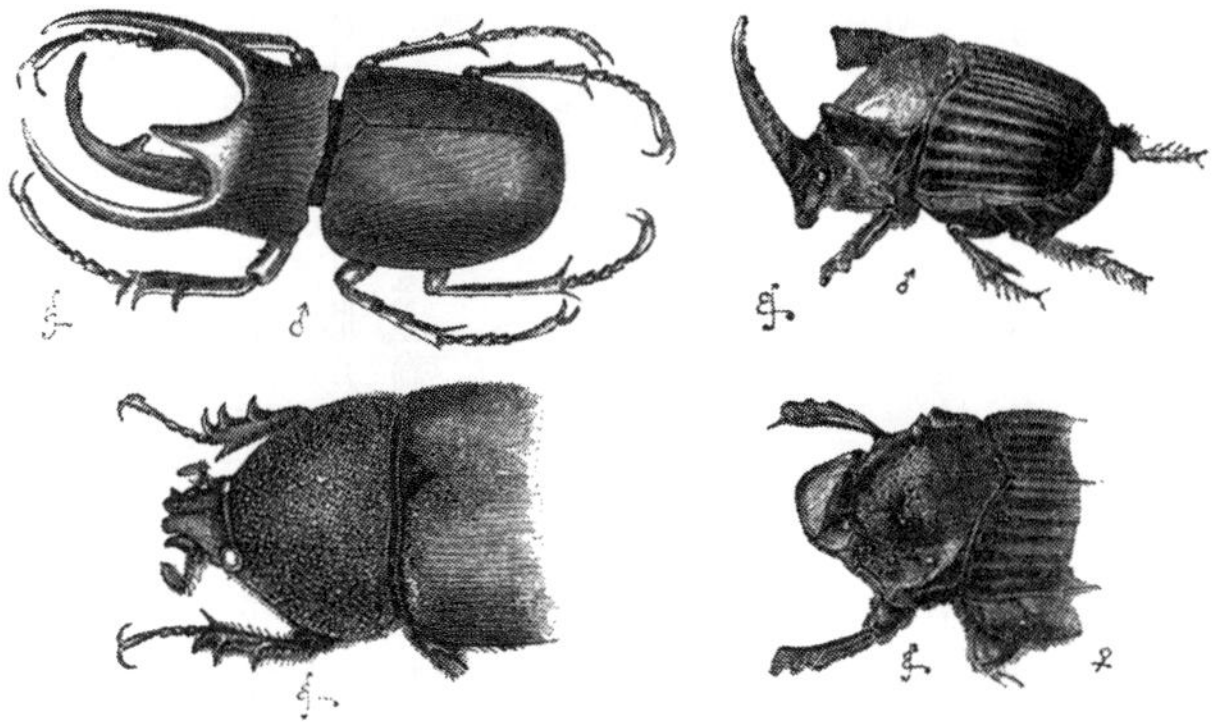

図3－5　アトラスオオカブト（左）とフンチュウの一種（右）
いずれも大きな角があるほうがオス（上）で、無いのがメス（下）。

長い大顎《おおあご》を持ち、大胆でけんか好きだった（口絵12）。しかし、「顎の力はそれほど強くはないので、指をはさまれてもそれほど痛くはなかった」。これは実体験にもとづいていておもしろいし、また、大顎が闘争相手を強く挟み込むために進化したのではなく、むしろその大きさで相手を威嚇する装飾のために進化したことを示唆しているようで興味深い。

『種の起源』で公表された進化論は、科学者からも一般大衆からも賛否両論あったわけだが、生物が進化することはその後の科学界や世間に浸透していった。しかし、性淘汰はそうならなかった。特に、オス同士の闘争は見ればわかるかもしれないが、メスによる選択に対しては批判が多かった。メスがオスの美しさを査定して意思決定しているということは、動物に審美眼があるということなのか。人間本位、そしておそらくは男性本位な見方が支配的であったために、動物のメスの行動や感覚についてなかなか正しく解釈されることはなかった。ダーウィンとは独立に自然淘汰説を考えついたウォレスも、性淘汰批判の急先鋒であった。

性淘汰の実証が進み、進化生物学の分野で広く受け入れられるようになったのは、『人間の由来』の出版からおよそ一〇〇年後、二〇世紀後半のことである。その長い空白の歴史こそが、性淘汰理論が時代を超越していたことを示唆しているだろう。

無意識の審美眼

第2章で説明したように、ダーウィンは人為選抜を自然界で起こる進化のアナロジーとした。家畜や栽培作物に生じた変異のうち、人間にとって有用なものを選びとって繁殖させていくプロセスが、生存に有利な形質が自然淘汰によって固定されていくプロセスとよく似ているのだ。

しかし、人為選抜と自然淘汰には決定的な違いもある。人為選抜では、意識しているにしろ無意識にしろ、人という選択する主体が介在している。一方で、自然淘汰にはそうした主体が必ずしも存在するわけではない。たとえば、気温が高すぎたり低すぎたりして生物がうまく生存できなかった場合、それを「母なる自然が選択した」と比喩的に表現できるかもしれないが、実際には非生物的な環境が原因となって生き死にが決まっただけである。ダーウィンは、性淘汰、とりわけメスの選択によるオスの進化こそが、人為選抜のアナロジーがもっとも効果的となる現象であると気づいた。念頭にあったのは、観賞用のハトの品種改良である。

すべての動物には個体変異があり、人間が自分にとってもっとも美しく見える個体を選抜することによって家禽の形質を変えられるように、メスがより魅力的なオスを常にまたはほんのときどきでも好むなら、オスの形質は確実に変えられていくにちがいない。

（『人間の由来』）

とはいえ、美や魅力を評価するという心理的に高度なことが、動物にできるというのか。人間本位、そして男性本位だった伝統的なヨーロッパ社会において、このような擬人化、特にメス側に主導権があるような見方がなかなか受け入れられなかったというのは想像にかたくない。

そこでダーウィンは、「無意識」というキーワードを巧みに使っていく。これも人為選抜の文脈で考えついていたアイデアだ。育種家はひとたび理想の品種を得ると、もうそれ以上に品種を改変しようとは思わないのだが、飼育を続けている限りは繁殖をくり返していく必要がある。その際、元気がよかったり飼育のしやすい系統を無意識にでも選びとって繁殖させているはずなので、結果的には品種改良を続けていることになっている。この論理をダーウィンは性淘汰に応用した。

> クジャクの祖先の多くのメスは、先祖代々長く続く間、この一段とすぐれた美を評価してきたにちがいない。なぜなら、メスたちは無意識のうちにもっとも美しいオスを選びつづけることにより、クジャクのオスをもっとも美しい鳥に仕立て上げたからである。
> （『人間の由来』、傍点筆者）

この引用で示唆されているように、メスの意識的な感情や判断を仮定しなくても、何らかの本能の結果としてメスが派手なオスと交尾するような傾向にあるなら、そのような形質が集団の中に広まっていく。つまり、性淘汰が起こるために美や審美眼といった抽象的な概念を想定する必要はなかったのだ。

さらに、鳥や哺乳類だけでなく、魚や昆虫といったおよそ美を評価できそうにない生物にも性淘汰は生じうる。人為選抜ならびに性淘汰における「無意識の選択」は、ダーウィンがたどり着いた境地の中でも傑出しているといえるだろう。

人為選抜のプロセスは、性淘汰が導く「勝ち組と負け組」の状況とも似ている。育種で特定の形質をもったオスを選ぶということは、そのオスがたくさんのメスとつがいになる分、その他のオスは繁殖にはまわされないことを意味している。自然界の繁殖事情も同様で、性淘汰が生じると特定のオスが複数のメスを独占することもあるから、それに引き換え一生に一度も交尾できず、次世代に自分の遺伝子を伝えることのできない「あぶれオス」がたくさん生まれることになる。

さらに、生存には無駄ともいえる奇抜な形質が保存されるという点でも、人為選抜は性淘汰によく似ている。くちばしが極端に短いバーブというハトの品種は、孵化するときに自分のくちばしの力だけでは殻をつついて破り出ることができないので、育種家が孵化の手助けをする必要があるほどである。また、ファンテールなどの品種に見られる、飛翔には役に立たないような大きくて派手な羽は観賞用のハトでおなじみだ。これらの例のように、愛玩のための品種改良では、生存にはどう考えても適していない特徴を選び出し、それを系統として固定させていく。これは、成長したり天敵から逃れるためにもっとも適した形質が残る（狭義の）自然淘汰とは対照的で、どちらかといえば性淘汰との共通点だとみなせる。

以上のように、ダーウィンによる人為選抜のアナロジーは、性淘汰との結びつきによって美しく完結したといえるだろう。

セイランの目玉模様

『人間の由来』のうち、鳥類に関する章は四つもあり、原著ではこれだけで二〇〇ページを超える。ハンターでバードウォッチャーだったダーウィンの熱量が伝わってくるし、鳥類ではオスが派手でメスが選択するような行動がよく報告されていたから、性淘汰の中でもメスの選択を例証していく対象として最適だったわけである。

ダーウィンの時代から現代に至るまで、性淘汰研究のシンボルといえばクジャクだ。しかし、『人間の由来』でクジャクと並んで熱を入れて解説されたのは、「自然史の中でもっともすばらしい」セイランという鳥だった（図3-6）。

セイランはクジャクと同じくキジ科に属し、マレーシアとインドネシアに分布している。オスが求愛のディスプレイでみせる羽の目玉模様が特徴的で、くぼみにはまったボールのような飾りに見えるのだ（口絵13）。実際には平面の羽に色彩がついているだけなのだが、少なくとも人間の目には立体的な球として見えてしまう。ダーウィンは何人もの画家にこの羽を見せた。それは「自然の造形物というよりは芸術作品」と呼べるほどだった。

ダーウィンがはじめ解せなかったのは、クジャクや他のキジの仲間とは異なり、セイランの頭部には装飾も目立った色彩もないことだった。なぜ羽の目玉模様は精巧なのに、頭部の飾りは発達しなかったのか。

この謎を解く手がかりを与えたのはウォレスだった。セイランのオスが求愛のディスプレイをすると、その頭部は羽にすっぽりと覆われてしまい、正面にいるメスからは見えなくなってしまう（図3‐6）。つまり、セイランでは頭部が求愛のアピールに使われないため、特別な飾りや色彩が性淘汰によって進化しなかったと考えられる。

図3‐6　セイランのオスの求愛行動

とはいえ、ウォレスは性淘汰を支持することはなかった。幾度もの手紙のやり取りにもかかわらず、ダーウィンは説得しきれなかった。異国でのフィールド経験と優れた観察眼をもち、進化論を独立に発見し、セイランの謎をも解いてみせたウォレスでさえ、である。ウォレスに宛てたある手紙の追伸で、ダーウィンはその無念さを滲ませた。

あなたが性淘汰を放棄したこと、とても残念です。私は少しも動揺していないし、真のイギリス人らしく、自説を固守します。頭に飾りのないセイランのことを考えると、叫んでしまいそうです。ブルータス、お前もか！

（『進化論の時代』）

最近の研究では、鳥の視覚からしても、やはりセイランの目玉模様は立体物として認識されることが示されている。つまり、鳥も錯覚しているということだ。ただし、この錯覚がセイランの求愛にとってどのように機能しているのかはまだ検証されていない。『人間の由来』から一五〇年を経てもなお、ダーウィンが注目した目玉模様の不思議は、進化生物学の中で受け継がれている。

鳥の色彩をめぐるウォレスとの論争

クジャクやセイランのように、オスとメスで羽の色や模様が大きく異なる鳥は少なくない。このような性差が生まれた理由をめぐるダーウィンとウォレスの論争をもう少し詳しく見ていこう。

先述の通り、ダーウィンは性淘汰によってオスが美しくなり、メスとの差が生じると考えた。メスがオスの美しさを選り好みできることが前提だ。一方、ウォレスは生き物に審美眼があるなど信じていなかったから、性淘汰に依らない説明を求めていた。ウォレスは、メスが天敵から逃れるために地味な色彩となり、オスとの差が生じると考えた。

つまりウォレスは、ダーウィンが『種の起源』で提唱した（狭い意味での）自然淘汰説に賛同し、続く『人間の由来』で登場した性淘汰説を否定したわけである。ダーウィンの死後に出版された自身の著作『ダーウィニズム』で、ウォレスは「ダーウィンの初期の見解を支持」し、「これこそまさしくダーウィンの学説であり、それがゆえに、私はこの本で真のダーウィニズムを唱道する」としたのであった。

現代的な理解でいえば、鳥のオスが派手なのは性淘汰の結果であるし、メスが地味なのは天敵から逃れるため、すなわち自然淘汰の結果であるといえる。言い換えると、性淘汰だけではメスが地味であることを説明しにくいし、自然淘汰だけではオスの派手さは説明しにくい。つまり、ダーウィンとウォレスの主張はそれぞれ正しかったし、不十分な点も含まれていた。しかし、両者で折り合いがつくことはなく、鳥での論争は似たような性差の見られるチョウに及んでいった。

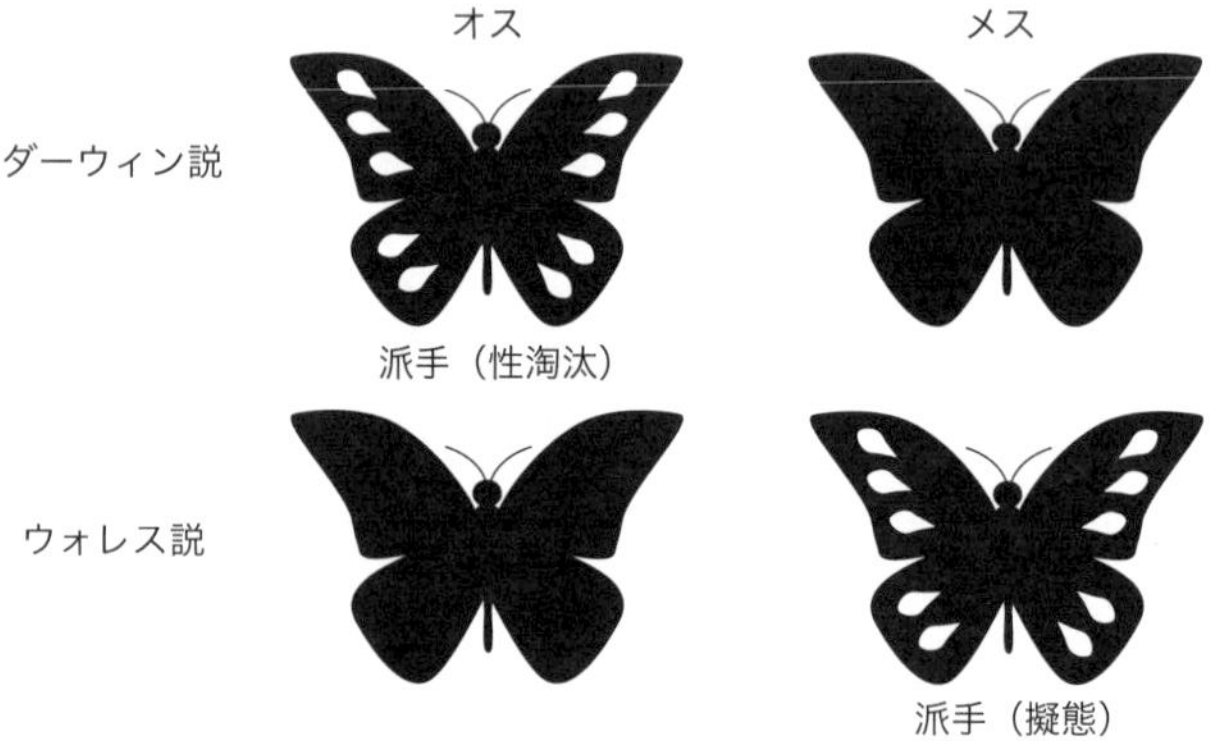

図３－７　チョウの美しさをめぐるダーウィンとウォレスの仮説
ダーウィンは性淘汰によってオスが派手になると考え、ウォレスは擬態によってメスが派手になると考えていた。

チョウのベイツ型擬態

チョウでは、オスかメスのどちらか一方だけ派手な種類が知られている。ここでもダーウィンは、メスの選り好みによってオスの色彩が派手になると考えた。「チョウに美しい色彩を愛でる心的能力があるとしても、まったくあり得ない話ではないだろう」。一方でウォレスは、メスが毒のある種類に「擬態」しているため派手になると考えた（図３－７）。鳥での論争と同じく、ダーウィンはオスの性淘汰、ウォレスはメスの自然淘汰に着目していた。

擬態とは、ウォレスと一緒にアマゾン流域を旅したヘンリー・ベイツによって見出された現象である。チョウなどの昆虫の中には、幼虫時代に毒のある植物を食べて、成虫になっても体

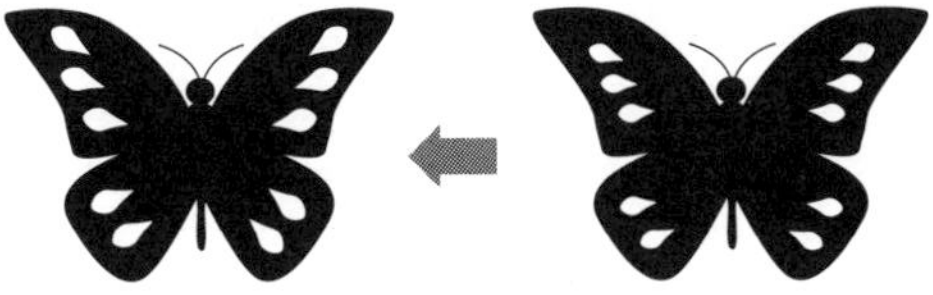

図3－8　ベイツ型擬態のしくみ
無毒のミミックは有毒で派手なモデルに似ている。

内にその毒をたくわえている種類がいる。そうした毒のあるチョウは、鳥などの天敵からするとまずいエサなので、赤や黄色といった派手な模様をして、しかもあえてゆっくり飛ぶことで、「まずくて食べられませんよ」という警告的なメッセージを天敵に伝えている。

一方で、毒がないにもかかわらず色彩が派手な種類もいる。このような種類（ミミック）は、毒のある種類（モデル）の見た目を真似ることで、天敵をだましているのだ（図3－8）。

『種の起源』の初版から間もない一八六二年に発表されたベイツの論文を読んで、ダーウィンは「私の生涯で読んだ中でもっとも注目すべき、そして賞賛されるべきもの」と絶賛した。この現象はのちに「ベイツ型擬態」と呼ばれるようになり、さまざまな地域のさまざまな生物から知られるようになっている。

このベイツ型擬態をふまえて、ウォレスはチョウでメスだけが派手になる理由を以下のように考えた。チョウのメスは腹部に卵を抱えているため、飛ぶのが鈍重で、なおかつ鳥からすれば栄養の豊富なエサとなっている。よって、チョウのメスは鳥から狙われやすいので、毒のある別の種類のチョウに擬態することで鳥からの攻撃を回避している、という論理である。ウォレスは自分でもアマゾンや東南アジアで擬態するチョウを目の当たりにしていたし、その論理展開は説得的であった。

それを前にして、ダーウィンは「はじめこの見解を受け入れるように強く傾いていた」。とはいえ、ここからのダーウィンの思考も緻密である。もし擬態によって天敵からの攻撃を回避できるのなら、それはメスだけではなくオスにとっても有利なことだろう。したがって、オスもメスと同じく派手になってよいはずである。しかし、現実にはそうなっていないので、色彩の性差は擬態では説明できないのではないか。それは性淘汰に頼るしかないはずだ。ダーウィンとウォレスはハイレベルな知的格闘をくり広げ、まさしく「進化論の時代」を築いていったのだった。

現代の研究では、ウォレスの見解を支持する結果が出ている。チョウのメスはたしかに鳥から攻撃されやすく、特に体が大きいほど狙われやすい。また、ダーウィンは気づかなかったことだが、派手なモデルへの擬態は生理的な負担を伴うことも一部のチョウでわかっている。この場合、すばやく飛べるオスはそもそも鳥からあまり食べられないので、負担をかけてまで擬態する必要はない。よって、「なぜ一部のチョウではメスだけが擬態するのか」というダーウィンとウォレスの論争に対して、筋の通った回答が提示されている。

とはいえ、ダーウィンの主張のように、オスだけが派手なチョウはたくさん知られており、そのような種類では性淘汰によって色彩が進化したと考えるのが妥当である。つまり、性淘汰によってオスが派手になる種類もいるし、擬態によってメスが派手になる種類もいる、ということである。チョウの色彩をめぐる論争を現代から評価するなら、ダーウィンもウォレスもそれぞれ正しかった、といえるだろう。

少数派の性が有利になる「フィッシャーの原理」

ダーウィンは性淘汰を考える上で、オスとメスの割合（性比）に注目した。オスがメスに比べて多いほど、メスをめぐるオス同士の争いは激しくなると考えたためである。

それでは、生物の性比はどのような法則で決まっているのだろうか。また、実際の生物に見られるパターンはどうなっているのだろうか。「動物界全体を通じてオスとメスの相対的な数に注意を払った人はこれまでに誰もいない」ようだった。たしかに、性比のようなものが科学のテーマになるなんて、性淘汰という概念が生まれるまでは想像できなかったことだろう。

ところが二〇世紀後半以降、行動生態学の分野で性比ほど盛り上がった研究テーマはない。行動生態学の教科書を開けば、性淘汰とは別に、性比に関する話題がひとつの章として独立しているほどだ。理論家は性比が条件に応じてどう変動するのか予測し、実証家は実際の性比のパターンがその予測に合致することを次々と見つけだした。予測と検証のサイクルが科学分野を鍛えあげることを見事に示していた。

その性比の理論の礎を築いたとされるのが、ダーウィンの次の世代にイギリスで活躍したロナルド・フィッシャー（一八九〇〜一九六二）である。ロザムステッド農事試験場で働いていたフィッシャーは、農業生産に応用できる分散分析や実験計画法などを考案し、統計学の大家として著名である。それだけでなく、進化生物学にも重要な功績を多く残している。ダーウィンの自然淘汰とメンデルの遺伝法則を結びつけ、「進化の総合説」（ネオダーウィニズム）と呼ばれる理論的な枠組みを作り上げたうちのひとりである。

フィッシャーの性比理論の核心は、少数派の性が有利になるという仮定である。親は自分が産むオス（息子）とメス（娘）の割合を調節できるとしよう。オスが多い集団では、オス同士の闘争が激しくなるため、メスをより多く産んだほうが確実に子孫を残せる。逆にメスが多い集団では、オスはたくさんのメスと交尾できるので、オスを産んだほうがより多くの子孫を残せる。つまり、少数派の性をより多く産む形質が進化することになる。この状況では、少数派が増えて多数派が減っていくので、やがてはオスとメスの比率が一対一に近づいていく。

この理論で重要な点は、オスとメスのどちらかが絶対的に有利というわけではなく、他のメンバーの戦略（オスとメスをどのような割合で産むのか）によって自分の戦略の有利さが変わるということだ。つまり、自分の損得が他者の行動にも依存する状況を扱う「ゲーム理論」の先駆けともいえるだろう。性比が均等になることを説明するこの理論は「フィッシャーの原理」と広く呼ばれている。

しかし驚くべきことに、『人間の由来』を読むと、ダーウィンが性比の進化における少数派有利の原則をすでに思いついていたことがわかる。

一方の性、たとえばオスのほうを過剰に産むような種を考えてみよう。〔…〕どんな形質にも変異があることを考えれば、ある特定のペアが他のペアに比べて少しばかりメスに対するオスの比を少ないように子を産むことは確実に起こると考えられる。そのようなペアはより多くのメスを産むため、必然的により多くの子孫を残すようになるだろう。〔…〕そうすると、両性を均等にさせる傾向がもたらされるはずだ。〔…〕同じ論理の流れは、オスではなくてメスのほうが多く生産されていると仮定する場合でも当てはまる。

（『人間の由来』）

この思考実験はフィッシャーの原理のエッセンスをうまく描写している。そして、性比など誰も気にとめていなかった時代、息子と娘の割合が親ごとに変異しうる形質であり、自然淘汰によって進化する対象であることを認識している点に、ダーウィンの先見性をまた感じるのである。

競走馬の性比

もうおわかりかもしれないが、理屈だけでは満足せずにそれを検証するためのデータをこれでもかとかき集めてくるのがダーウィンのスタイルだ。

フィッシャーの原理が予測するように、多くの生物で性比はほぼ均等に保たれている。その一方で、どちらかの性に偏っているケースも少なくない。フィッシャーの原理がベースとなり、その予測から逸脱するパターンを探しつつ、性比の偏りをもたらす条件を解明するという流れが、二〇世紀の性比研究の輝かしい成功をもたらした。しかし、ダーウィンが登場するまで（そしてその後もしばらくは）、オスとメスの数を大真面目に数え上げて体系的に比較する人なんて存在しなかった。

性比についてもっともたくさんのデータが得られている種は、ヒトである。人口統計のために出生時の性別が記録されているからだ。イギリスの記録を見てみると、年や州によってばらつきがあるものの、出生時に女子一〇〇人に対して男子は一〇四人くらいだった。出生時の性比が少しだけ男子に偏るのは、時代や民族によらず普遍的に観察されるパターンのようだった。

さらに、動物の性比を調べるにあたり、ダーウィンの情報源の広さは際立っている。ここでも家畜が重要になる。

テゲットマイヤー氏は親切にも、「競馬カレンダー」から、一八四六年から一八六七年にかけての二一年間に生まれた競走馬の出生記録を表にしてくれた。〔…〕全体の出生数は二万五五六〇頭で、そのうち一万二七六三頭がオス、一万二七九七頭がメスである。比にすると、メス一〇〇に対してオス九九・七となる。この数はかなり大きなものであり、イギリスのあらゆる地方からの数年間の記録が集められているので、家畜のウマ、少なくとも競走馬では、雌雄はほとんど同じ数が生まれると自信を持って結論してもよいだろう。

（『人間の由来』）

ウマのほかにも、イヌやヒツジといった家畜からもデータを集めた。「ウシについては九人の紳士から九八二頭の出生の統計を手に入れたが、これでは数が少なすぎて信用できないだろう」。また、鳥類と魚類のデータもできる限り収集した。農学者と博物学者としてのスキルがいかんなく発揮されている。

昆虫では、チョウやガのデータが紹介されている。博物学やコレクションの流行に伴い、ビクトリア朝時代には世界中で動植物が採集されて裕福なコレクターに行き渡っていたが、野外で採集されるチョウではオスのほうがメスよりもはるかに多いことが経験的に知られていた。

ダーウィンはチョウのコレクター向けの販売リストを見て、「一種を除いてすべての種類でオスのほうが安い。この一一三種の値段の平均を取ると、オスとメスの値段の比は一〇〇対一四九である。このことは、オスの数がこの逆数となってメスの数を上回っていることを示しているのだろう」と分析している。販売価格から自然界での性比を推測するアプローチはおもしろい。

真実への道

それでは、ダーウィンが性比の進化における少数派有利の原則に気づき、ここまで徹底的に実際の事例を調べ上げたにもかかわらず、なぜ性比の理論は「フィッシャーの原理」として広く知れ渡ることになったのだろうか。それは、ダーウィンの性比理論が『人間の由来』の初版でのみ披露されており、その三年後の一八七四年に出版された第二版では丸ごと削除されてしまったことが一因となっている。

第二版ではむしろ、「オスとメスの数が均等になる傾向は、種にとって有利なときに自然淘汰で進化すると考えていたが、この問題は難しすぎるため将来に解決を託すほうがよいだろう」としている。この遠慮がちな結論はフィッシャーの著作の中で引用されており、ダーウィンが解けなかった性比の謎をフィッシャーが解いた、という形として世に認められることになったようだ。第二版でダーウィンが自説を撤回した理由はよくわかっていないが、「種にとって有利だから進化する」という論理は誤りであり、ダーウィンが混乱していた様子がうかがえる。

以上のように、『人間の由来』では、まさしく人間の進化と性淘汰という、『種の起源』では扱いきれなかったふたつの大きなテーマについて、膨大な事実をベースに先駆的なアイデアを展開していった。

『種の起源』を出版するまではあれほど慎重だったダーウィンが、もう失うものは何もないと悟ったかのように、自分の考えを率直にさらけ出したのが印象的だ。

間違って認識された事実はしばしば長く持ちこたえるので、科学の進歩に大きな害を及ぼす。しかし間違った考えは、それが何らかの証拠で支えられていたとしても、それほどの害は及ぼさない。なぜなら、誰もがその間違いを証明することに健全な喜びを感じるからであり、それがなされたときには、誤りへと導く道がひとつ閉ざされると同時に、真実への道が開かれるからである。

（『人間の由来』、傍点筆者）

性差や性比にまつわる議論のように、細部までダーウィンがすべて正しかったわけではない。しかし、そんな挑戦的なアイデアをも躊躇《ちゅうちょ》せずに披露できた理由は、『人間の由来』の終章のこの一節にあるように、自分の人生が尽きてもなお続く、科学の未来を見据えていたからにちがいない。

第4章　植物と生きた晩年

1　他家受精三部作

著作歴

ダーウィンの代表作は何といっても『種の起源』であり、他によく読まれている著作といえば、『ビーグル号航海記』や『人間の由来と性淘汰』といったところだろう。しかしこれまでの章で見てきたように、環礁の形成、動物の家畜化、人間の表情といった「サブテーマ」に関する著作も斬新なアイデアにあふれ、膨大な証拠を伴い、学問分野をひとつずつ切り拓くような重要性を持っている。

そこで、ダーウィンの著作歴を彼の年齢とともに振り返ってみよう（いずれも初版発行年）。

一八三九年（三〇歳）『ビーグル号航海記』（ほか、『ビーグル号航海の動物記』全五巻〔化石哺乳類・現生哺乳類・鳥類・魚類・爬虫類〕の編集・監修）
一八四二年（三三歳）『サンゴ礁の構造と分布』
一八四四年（三五歳）『火山群島の地質学的観察』
一八四六年（三七歳）『南アメリカの地質学的観察』
一八五一年（四二歳）『フジツボ類のモノグラフ』（全四巻）
一八五九年（五〇歳）『種の起源』
一八六二年（五三歳）『ランの受精』
一八六五年（五六歳）『つる植物の運動と習性』
一八六八年（五九歳）『家畜と栽培植物の変異』
一八七一年（六二歳）『人間の由来と性淘汰』
一八七二年（六三歳）『人間と動物における感情の表出』
一八七五年（六六歳）『食虫植物』
一八七六年（六七歳）『植物の受精』
一八七七年（六八歳）『花のかたち』
一八八〇年（七一歳）『植物の運動力』

一八八一年（七二歳）『ミミズと土』

『自伝』はダーウィンの没後五年となる一八八七年に息子フランシスの編集によって出版されたが、あからさまに宗教を批判している箇所などがカットされていた。これにはエマや娘たちの不安と助言があったようだ。その後一九五八年、ちょうど『種の起源』の初版一〇〇周年のとき、ダーウィンの孫娘にあたるノラ・バーロウの編集によって無削除決定版となる『自伝』が出版されている。

『種の起源』後の著作では、植物に関するものが『家畜と栽培植物の変異』を除いても六冊ある。ダーウィンは「私は植物学者ではない」と自認していたものの、これら第一級の著作を読めば、それは謙遜にすぎないと気づくはずだ。そこで本章では『種の起源』以降、晩年にかけてのダーウィンの業績とその意義を紹介していきたい。

花が咲く意味

一八六〇年に入ると、ハトにもフジツボにも熱中していたダーウィンは、ランの花に熱い視線を注ぐようになる。はじめは論文として発表しようと執筆していたところ、あまりにも書くべきことが多すぎて、結局は一冊の本としてまとめあげることになった。これが一八六二年に初版が出版された『ランの受精』であり、『種の起源』の次の著作となる。

ラン科は世界で二万五〇〇〇種を超える、植物の中でもとてつもなく巨大なグループだ。花の形や色が多様であり、希少な種も多いことから、洋の東西を問わず愛好家に親しまれてきた。

ダーウィンはなぜ研究対象としてランに取り憑かれたのか。『ランの受精』の本来の長い書名を訳すなら、「イギリス産および海外産のランが昆虫によって受粉されるためのさまざまなしくみと他家交配のメリットについて」となる。まずはここからひもといてみよう。

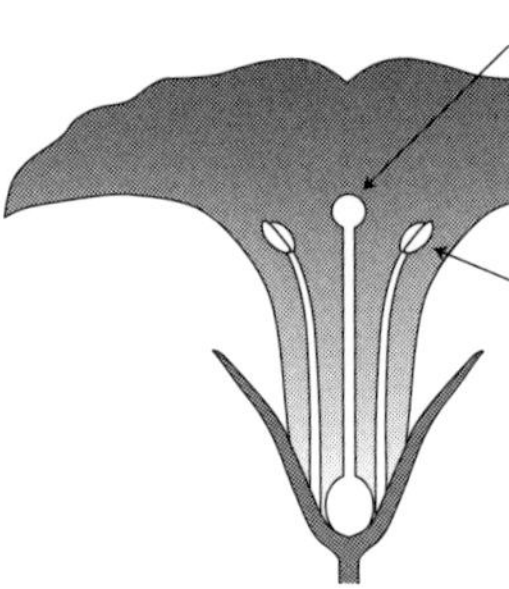

図４－１　被子植物の花のつくり

花を咲かせる植物が受精するためには、雄しべの花粉が雌しべの柱頭に付着する必要がある（図４－１）。しかし多くの植物では、同じ株に咲いている花同士での受粉（自家受粉）は避けられるようになっている。というのも、自家受粉は遺伝的に近い（同じ）親同士の交配をもたらすため、その子孫となる植物の生育に不具合が生じやすいと考えられるからである（自家受粉のデメリットについては、のちの『植物の受精』で徹底的に検証される）。

代わりに、花粉はハチやアブといった昆虫、あるいは風に運ばれたりして、他の株に咲いている花の柱頭にたどり着く。このしくみを他家受粉と呼び、多くの植物にみられる繁殖方法である。つまり、植物が鮮やかな花を咲かせて甘い蜜や香りを用意しているのは、昆虫などの送粉者に花粉を運んでもらって他家受粉を達成するための仕掛けである。一方で送粉者からしてみれば、植物のために花粉を運んでいるわけではなく、あくまでも蜜などの報酬を目当てに行動しているだけである。

花の色彩や美しさは、神が人間のために創造したとする解釈が一般的だった時代。今の常識からは想像しにくいが、花にやってくる昆虫たちの役割はよくわかっていなかった。なにせ、同じ花に雄しべ（花粉）と雌しべ（柱頭）の両方が備わっている種類が大半なので、植物は原則として自家受粉するものだと認識されていたのだ。

『種の起源』で進化論を世に問うたダーウィンは、神の御業《みわざ》に頼ることはなかった。『ランの受精』では、生物が自然淘汰によって進化したことを前提として、生物の形や行動にどのような役割があるのか、というアプローチで研究に臨んだ。これは後世に適応主義と呼ばれることになった研究プログラムであり、『種の起源』以前には存在しなかったものである。これを武器として、一見すると何の役に立っているのかわからない、ランの花の複雑で多様なデザインの謎に挑戦していった。

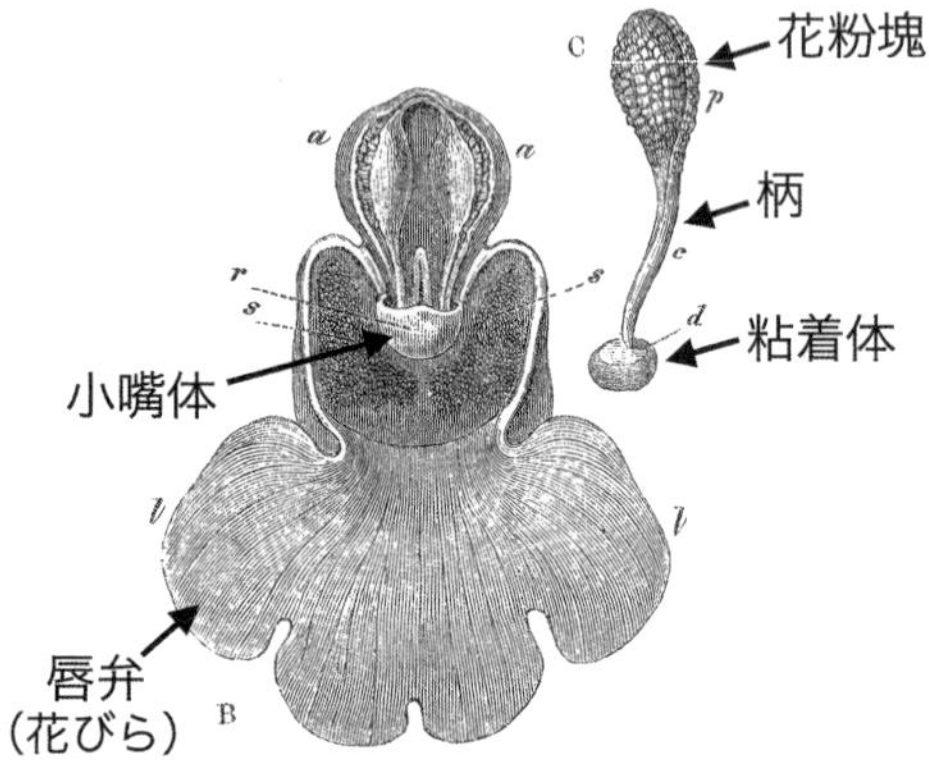

図4－2　ランの一種、オルキス・マスクラの花の構造
右上は花粉塊の拡大図。

ランの完璧な適応

それでは、他家受粉のための巧みな仕掛けの代表例として、『ランの受精』の筆頭に紹介されたオルキス・マスクラという種を見てみよう（図4－2）。

ランの仲間では、花粉が雄しべの先端の葯《やく》から露出しているのではなく、花粉塊《かふんかい》と呼ばれる形で格納されている。そのため、個々の花粉が無造作に昆虫の体に付着したり、ましてや風に乗って運ばれるようなことはない。他家受粉のためには、各種の花の構造にうまく適合した特定の送粉者によって、花粉塊ごとうまく他の株まで運んでもらう必要がある。

オルキス・マスクラを訪れたマルハナバチは、まず唇弁《しんべん》と呼ばれる特徴的な花びらに着地し、そこから蜜を得るために花の中へ潜りこもうとする。すると、ハチの背中の部分がちょうど小嘴体《しょうしたい》という構造にぶつかるようになっており、この接触がトリガーになって小嘴体が裂け、花粉塊の先にある粘着体がハチにくっつく仕掛けとなっている。ねばねばする粘着体はすぐさまセメントのように固まり、昆虫から外れないようにできている。

一連の流れは、鉛筆で花をつつくことでも再現できた（図4－3）。昆虫の行動を真似るようにして、先の尖った鉛筆を花の中に突っ込むと、花粉塊が鉛筆に付着するしくみだ。興味深いことに、およそ三〇秒経過すると、花粉塊を支える柄が前向きおよそ九〇度に倒れる。

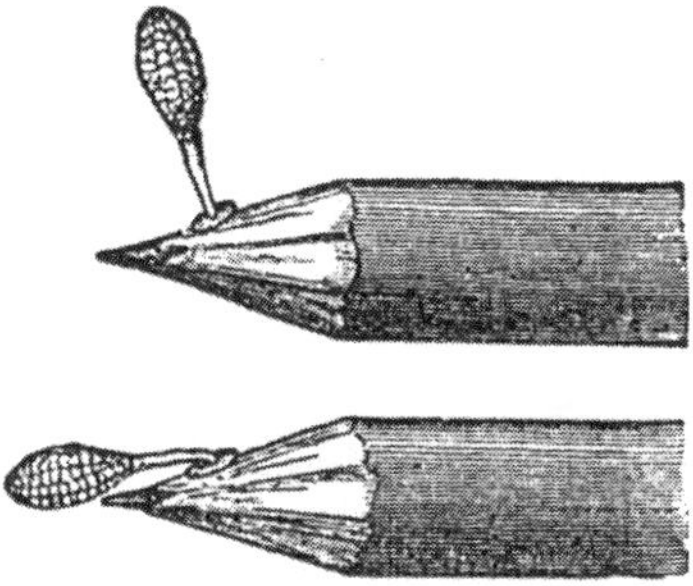

図4－3　鉛筆の実験

これにはどういう意味があるのだろうか。

花粉塊を背中につけたハチが別の株を訪れたとき、花粉塊の柄が垂直のままだと、花の中に潜りこもうとするとき邪魔になってしまう。そうではなく、花粉塊の柄が前向きに倒れている状態なら、ハチは蜜を求めて花の奥まで進むことができ、そのときちょうど花粉塊が柱頭にぶつかるようになっている。これでうまいこと花粉塊がハチの体表から外れて他家受粉が完了するわけだ。ハチがある株から次の株へと移動する時間を計測してみると、ちょうど三〇秒くらいだった。すなわち、花粉塊の柄の屈曲とそのタイミングは、他家受粉のための完璧な適応だったのだ。

ダーウィンは、このようにランの花が昆虫の助けを借りて他家受粉する仕掛けを、イギリスに自生するほとんどすべての種類で調べ尽くした。さらには、ラン科に含まれるすべてのグループをカバーするために、海外に分布する五〇属にも及ぶ種類を取り寄せて、花を解剖しては他家受粉のメカニズムを探求した。フジツボ時代に匹敵するその執着心は並大抵なものではなかった。

研究ルーティンと予言

ダーウィンのランの研究は以下の流れで進む。まず、花の構造を調べる。次に、昆虫による受粉のしくみを予想する。そして、それを屋外や温室で観察する。この予測と検証のサイクルをさまざまな種類で試し、ランの花の構造が他家受粉のために進化したことを確信していく（ただし、一部の種類では他家受粉がうまくいかなかった場合の保険として自家受粉することを正しく見抜いており、これもまたダーウィンのオリジナルなアイデアである）。

イギリスに自生するプラタンテラ・クロランタ（図4-4）では、「蜜を豊富に入れた距《きょ》が非常に長く、花は純白な色合いをしており、夜に強烈な甘い香りを放つ」という特徴があり、そこから、「このランは夜に活動する蛾《が》の助けを借りて受精する」ことを予想した。距とは、花の蜜が蓄えられている細長い筒状の器官のことである。

実際、ランの花粉塊を口吻《こうふん》に付けた蛾がよく採集され、ダーウィンのもとに標本が送られていた（図4－5）。夜行性の蛾がランの花を訪れて口吻で蜜を吸っていた証拠だ。このよ

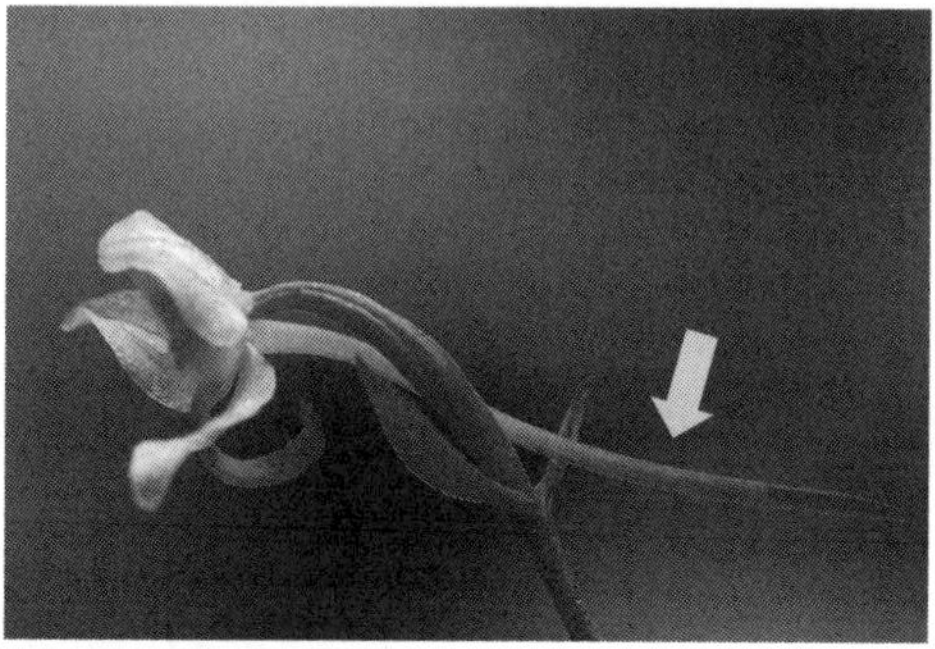

図4－4　ランの一種、プラタンテラ・クロランタの花を横から見たところ
蜜の入っている距（矢印）が非常に長い。

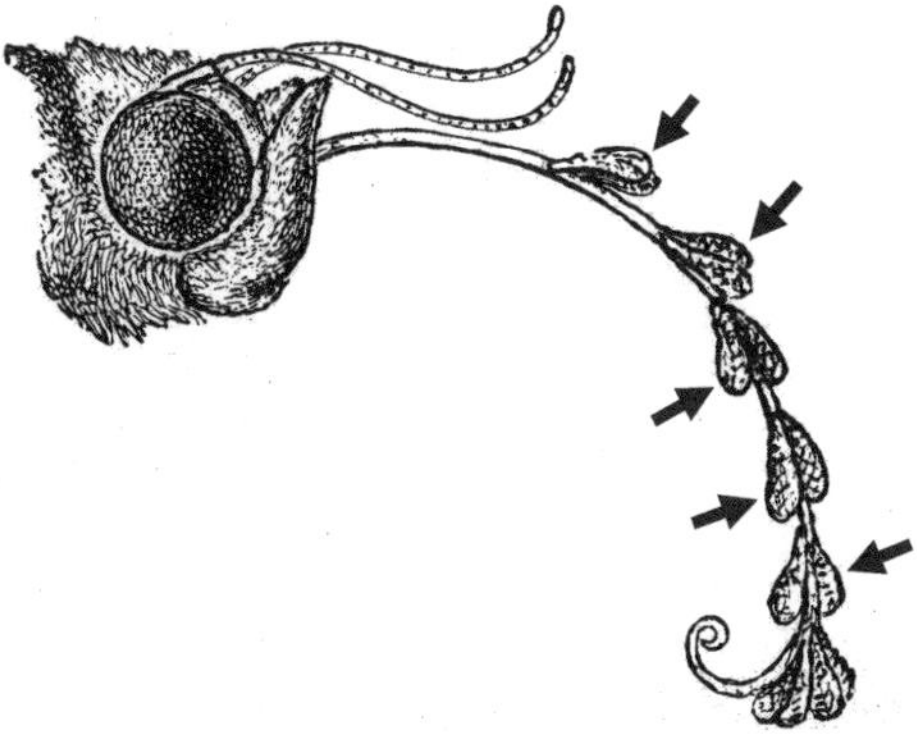

図4－5　蛾の口吻にランの花粉塊（矢印）が付着している様子

うに、各種のランの特徴は特定の送粉者に対応している。

マダガスカルに固有のアングラエクム・セスキペダレは、雪白色の大きな花びらが美しいランである（口絵14）。本種の特徴はなんといっても三〇センチにも及ぶ長さの距である。ダウンハウスに届いたときには、「いったいどんな昆虫が蜜を吸えるというのか！」とダーウィンも興奮を隠せなかった。

その花の蜜は距の奥底にわずかしか入っていない。したがってダーウィンは、「マダガスカルには三〇センチほどの長さの口吻をもつ蛾がいるにちがいない」と予想した。そんな蛾なんているはずもないと、昆虫学者たちは嘲笑したという。

しかし、その予想はさまざまな根拠に依っている。ダーウィンはきわめて細くて長い棒をそのランの距の奥まで差し込んで、次にゆっくりと引き出してみた。そうすると、ランの花粉塊が棒に付着した。また、マダガスカルではないが、ブラジルにはたしかに口吻が著しく長いスズメガの仲間がいることを（ミュラー型擬態で知られる）博物学者のフリッツ・ミュラーからの手紙で知った。イギリスの距の長いランにも蛾が訪れることを考えると、三〇センチの口吻をもつ蛾の存在は決して空想とはいえなかった。

色彩や性淘汰についてはダーウィンと対立したウォレスも、ランの送粉者をめぐるこの推理には多いに賛同した。ウォレスはマダガスカルを訪れる博物学者たちにそうした蛾を探すようけしかけた。一九世紀、海王星《ネプチューン》の存在が経験的な観測ではなく理論的な計算から予測され、実際にすぐさま発見されたのと同じように、口吻の長い蛾がかなりの高い確率で見つかるだろうと。

　ダーウィンの死後二〇年以上が過ぎた一九〇三年。マダガスカルから三〇センチの口吻をもつキサントパンスズメガが発見され、ダーウィンの予言は（またもや）的中したのだった。ただし、当時は蛾の標本が存在するだけで、本当にこの蛾がランの送粉を担っているのか実証されたわけではなかった。野外でキサントパンスズメガがアングラエクム・セスキペダレの花の蜜を吸い、花粉塊が蛾に付着することまで確かめられたのは、『ランの受精』の出版からじつに一三五年後の一九九七年のことであった（口絵14）。

　マダガスカルのランにまつわるこのエピソードは有名で、ダーウィンの超人的な予言力をよく示しているとされる。しかしダーウィンにとって、花の形から送粉者と受粉メカニズムを特定することは、国内外のさまざまなランで実践してきた研究ルーティンから必然的に導かれた答えであった。超人的なものがあるとすれば、当時手に入る限りの種類のランを自宅に集め、自分の目と顕微鏡で丹念に観察し、ランの多様性を自然淘汰の論理で一貫して説明しようとした信念だといえるだろう。

自家受粉のデメリット

ランの仲間で明らかになったように、被子植物は昆虫などの送粉者を利用しつつ、巧みな方法で他家受粉を達成している。「その事実だけを考えてみても、植物は他家受粉のプロセスから何らかの大きな利益を得ている」——そうダーウィンは予想した。裏を返せば、自家受粉で繁殖すると相当なデメリットがあるというわけである。一八七六年に出版された『植物の受精』は、この「繁殖の本質」を実験によって検証することが目的だった。

実験デザインはシンプルである。同じ種類の植物を二つのグループに分け、一方のグループでは、他家受粉で繁殖させて、その種子から次の世代の植物を育てた。もう一方のグループでは、自家受粉のみで繁殖させた。自家受粉させないために雄しべを切除（除雄）してしまうと、処理そのものによるダメージが植物にあるかもしれないので、その方法は採用しなかった。代わりに、きめ細かいメッシュのネットで植物を覆って、送粉者である昆虫が他の花からやってこないように制限し、それを自家受粉の処理区とした。

実験条件は徹底している。他家受粉と自家受粉のグループで、土壌の質や水の量、光の当たり具合を厳密にそろえた。「私が行なった以上のことは誰もできないだろう」。この言葉には、フジツボの分類や『種の起源』ですでに科学者としての名声を得ていた自負が感じられる。すべての実験で万全の注意が払われていたのである。

この実験を、マルバアサガオ・サンシキスミレ・カーネーション・ペチュニア・シクラメンといった花卉、キャベツ・インゲンマメ・エンドウ・レタス・タバコ・テンサイ・トウモロコシといった作物を含め、当時の分類基準からして計三〇科、五二属、五七種もの被子植物を対象に行なった。交配して育てた植物の成長（草丈）、種子の数や重さ、開花の時期を計測し、定量的に比較した。その膨大な実験データは、『植物の受精』の前半に九九の表として淡々と（ダーウィン本人に言わせても「読むには退屈な感じ」で）掲載されている。

何種類かの植物については、自家受粉をもとに育てた花から再び自家受粉で繁殖させて、他家受粉の処理区についても同じように再び他家受粉で繁殖させて、世代をくり返した。これは、自家受粉のデメリットがすぐに現れるのではなく、何世代か後になって顕在化する可能性を検証するものとなった。中でもマルバアサガオに至っては、一〇世代、一一年間に及ぶ実験結果が示されている（図4－6）。圧

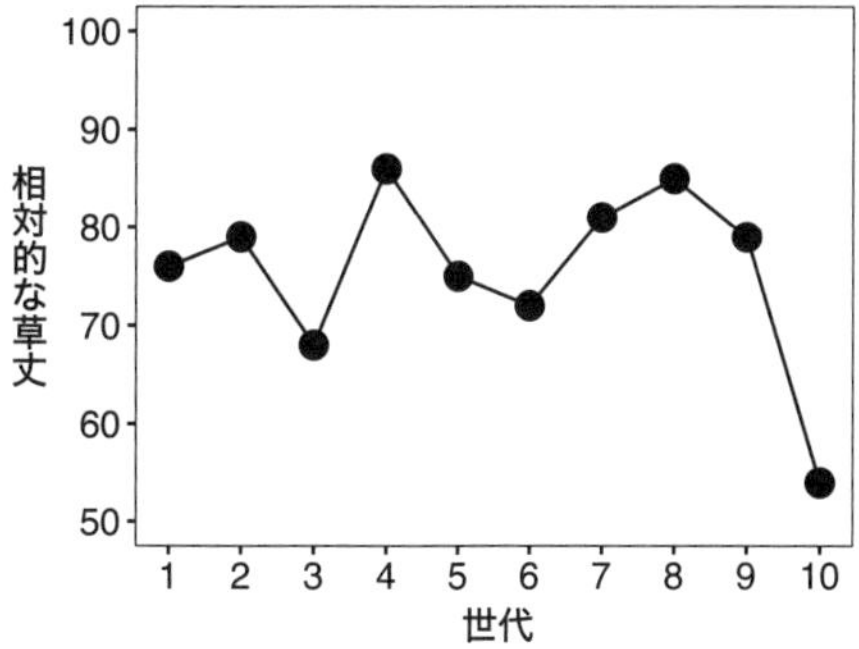

図4－6　**10世代におよぶマルバアサガオの実験**
各世代で他家受粉区の平均草丈を基準としたときの自家受粉区の平均草丈を示す。

倒的な実験だ。

こうした実験の結果をおおまかに要約すると、植物では一般的に、他家受粉にはメリットがあり、自家受粉にはデメリットがある、というものであった。例外として、他家受粉と自家受粉で成長や種子生産の面で大した差が生まれなかった種類もあった。生物は多様であり、例外はつきものである。特定の種類だけを調べていては偏った結論に至ってしまったかもしれないが、さまざまな分類群で同じようなパターンがくり返し生じたことで、一般的な考察を得ることができたのである。

『植物の受精』では他家受粉のメリットというメインテーマのほかにも、昆虫が同じ種類の花を訪れるための記憶と学習、葉など花以外の器官から分泌される蜜の役割、ハナバチが花を傷つけて花粉を運ばずに蜜を吸う行動（盗蜜）など、植物の繁殖をめぐる昆虫との相互作用についてさまざまなトピックが議論されている。こうして『植物の受精』は、（二〇世紀後半になってようやく花開く）送粉生態学の礎になるのである。

近親婚にまつわるロビー活動

『植物の受精』はダーウィンの著作の中でももっとも定量的な分析を含んでおり、植物の成長や繁殖に関する数値データがたくさん残されている。そのデータを解析するために、ダーウィンはいとこで統計学者のフランシス・ゴルトンに依頼していた。

ゴルトンこそ人間集団の遺伝的な組成を改善すべしとした（現代では悪名高い）優生学の祖である。生物の特徴や遺伝のしやすさを計測し統計的に分析する技術を、人間社会にも応用したほうがよいのではないかという風潮が広まりつつある時代であった。

ゴルトンの協力のおかげもあって自家受粉による植物への悪影響が明らかになったわけだが、ダーウィンと妻のエマもいとこ同士の近親婚であった。実際、二人には、アンのように夭折したり、あまり健康的ではない子供もいた。これは果たして近親婚の影響なのだろうか。植物や動物と同じ原理が人間にも当てはまるのだろうか。当時、人間の近親婚の影響に関する大規模なデータはなかったし、それを予測できるような遺伝学の知見もなかった。

ダーウィンは人間の近親婚の影響についてもかねてから興味を抱き、世界中の人々の表情を探っていたときと同じように、各所にアンケートを送付していた。そんな折、ダウンハウスの近所で生まれ育って博物学の弟子でもあったジョン・ラボックが下院議員に当選し、ダーウィンはこれを好機と捉えた。イギリスの国勢調査の質問項目に「いとことの結婚かどうか」という一文を追加するようラボックに働きかけたのである。

実際にその修正案は議会に提出され、議論を巻きおこした。結局、「科学者たちの好奇心には付き合っていられない」という理由で、議会の冷笑とともに修正案は却下された。

議会の懸念はまっとうなものでもあった。もし近親婚の影響を明らかにしたいという目的なら、子供の健康や知能といったセンシティブなデータさえも国家が国民から収集するようになっていくかもしれない。また、当時のイギリスの貴族やジェントルマン階級ではいとこ婚が普通に行なわれていたから、社会変革につながるような修正案がおそれられていたのかもしれない。いずれにせよ、政治的な人脈をも使って科学のデータを集めようとしたダーウィンおそるべし、である。

国勢調査で近親婚について質問できなくなった代わりに、ダーウィンの次男で、やがて天文学の大家となるジョージが、得意の数学を活かしてこの問題に取り組んだ。ジョージは、同じ苗字の男女が結婚した場合にはいとこ婚である確率が高いとみて、新聞に掲示された婚姻情報を収集した。また、いとこ婚で生まれた子供には遺伝疾患が多いかどうか分析した。『植物の受精』でもこのジョージの論文は引用されているが、植物の自家受粉ほどにははっきりとした傾向が得られなかったようだ。いとこ同士の関係は植物の自家受粉（同一個体での交配）よりも血縁が離れているため影響が出にくいこともあるし、データの量と質が限られていたことにも由来するのだろう。

しかし、自然界の「正当な交配」に関するダーウィンの著作はこれで終わりではなく、花の多型という美しい現象の追究に続く。

なぜ同じ種の花でも形が異なるのか

ダーウィンがケンブリッジ大学の学生だった頃、恩師ヘンズローは同じ種の植物に生じる変異に興味を抱き、サクラソウの仲間のスケッチを描いていた。このスケッチは出版されることはなかったが、ヘンズローの実習に参加していたダーウィンはそれを見ていたかもしれないし、直接話を聞いていたのかもしれない。

『種の起源』を出版して五〇歳を過ぎたとき、ダーウィンは花の形に二つの異なるタイプがあることを改めて発見し、「どこかでこの話を聞いたことがあるような気がする……おそらくはヘンズロー」と親友のフッカーに書き残している。

イギリスでもっともよく見られるサクラソウの仲間はカウスリップと呼ばれる種類で、ダウンハウスに住むダーウィンにとっても身近な植物だった（口絵15）。興味深いことに、サクラソウの仲間の花には雌しべが長く雄しべが短いタイプと、反対に雌しべが短く雄しべが長いタイプがある（図4－7）。ヘンズローをはじめ当時の植物学者はこのことに気づいていたが、なぜ同じ種類にもかかわらず異なるタイプの花があるのか、誰も説明しようとしていなかった。

ダーウィンは花の形の変異を重要な謎として捉え、植物が自家受粉を防ぎ、他家受粉を促

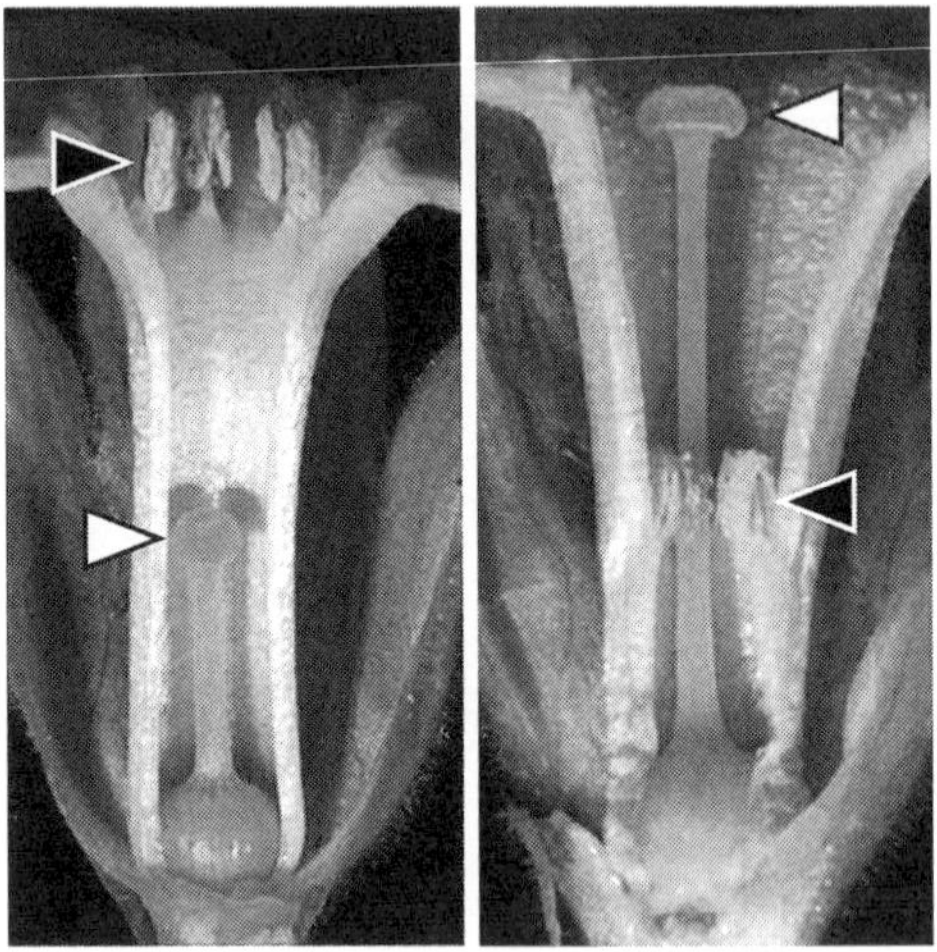

図4－7　サクラソウの仲間の花（内部構造）
雄しべ（黒三角）が長く雌しべ（白三角）が短いタイプ（左）と、雄しべが短く雌しべが長いタイプ（右）。

すという視点から研究を進めていく。

ハチなどの昆虫が雄しべの長いタイプの花を訪れると、花粉が昆虫の体の特定の部位に付着する。その昆虫が次に別のタイプの花、すなわち雌しべの長いタイプの花を訪れると、体に付いている花粉がちょうどよい高さにある柱頭に接触して、異なる花のタイプ同士で受粉が達成されることになる。同様に、雄しべの短いタイプの花と、雌しべの短いタイプの花との交配もうまくいきやすい。

一方で、雄しべと雌しべの長短が同じタイプ同士では、花粉が昆虫に付着した部位と柱頭の位置が一致しないため、受粉されにくい。すなわち、花の二型は異なるタイプ同士で受粉されるための仕掛けだったのだ。

それでは、なぜ異なるタイプ同士で交配する必要があるのか。『植物の受精』と同じく、ダーウィンは交配実験によって検証していく。ただし、実験の組み合わせは少し複雑だ。①長い雄しべの花粉と長い雌しべの柱頭、②短い雄しべの花粉と短い雌しべの柱頭、③長い雄しべの花粉と短い雌しべの柱頭、そして、④短い雄しべの花粉と長い雌しべの柱頭、の四通りの組み合わせとなった（図4－8）。

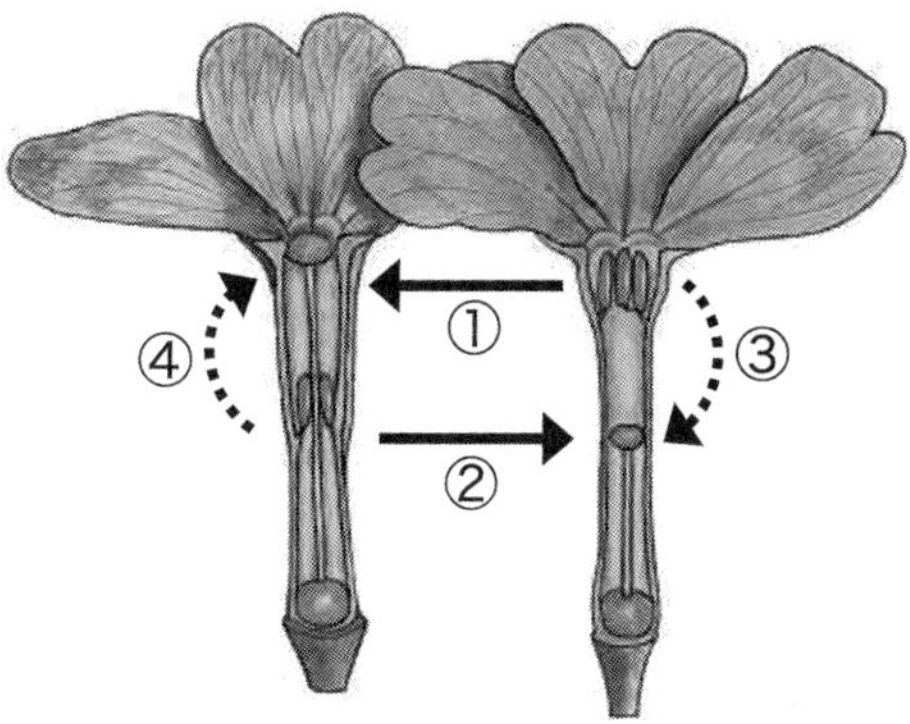

図4－8　花に二型があるときの交配の組み合わせ
異なるタイプ同士の交配（①と②）では正常に繁殖が進んだが、同じタイプ同士の交配（③と④）ではそうならなかった。

　すると、①と②の処理区、つまり異なるタイプ同士の組み合わせでは、たくさんの種子が生産され、ダーウィンはこれらを「正当な交配」と呼んだ。一方で、③と④の処理区、つまり同じタイプ同士での組み合わせでは種子があまり生産されず、「不当な交配」とした。これらの結果から、カウスリップでは同じタイプ同士で交配すると繁殖の効率が著しく低下するために、異なるタイプ同士で交配するようなしくみが進化したと結論づけた。

サクラソウの多様性

カウスリップと同じくサクラソウの仲間で、白い花を咲かせるプリムローズにも二つの異なるタイプの花がある（口絵16）。ダーウィンは毎年春になると、ダウンハウス近くの丘を子供たちと散策しながら、プリムローズが一面に咲き乱れる風景を眺めていたことだろう。プリムローズについても同じように交配実験を行ない、「正当な交配」では種子が多く、「不当な交配」では種子が少なくなることを実証した。

ちなみに、カウスリップとプリムローズの雑種は、オックスリップという別種とされているサクラソウの仲間（口絵17）とよく似ている。そのため、果たしてオックスリップという独立した種は存在するのか、という問題が長らく議論されていた。ダーウィンは花のタイプを考慮しながら異種間で交配実験を行ない、たしかにカウスリップとプリムローズの交配で中間的な雑種が生まれること、また、それとは別に独立した種であるオックスリップもイギリス南東部に限定して自生することを示した。こうした自然史上の問題に決着をつけることも忘れていなかった。

ダーウィンはこれら一連の発見について、「研究人生の中で、花の多型の意味を解き明かしたことほど大きな喜びを感じたことはない」と自伝で振り返っている。

一八四七年から三年にわたるヒマラヤ探検でフッカーがサクラソウの原種を多く持ち帰っ

たことで、ヨーロッパではサクラソウの園芸ブームに火が付いた。日本では江戸時代からサクラソウの多様な園芸品種が作り出されてきたのと同じように、イギリスでも愛好家たちがさまざまな種類のサクラソウで交配を行ない、栽培を続けてきたのである。もちろん、人為的に受粉して多くの種子を得るためには、「正当な交配」でなければならない。ダーウィンの植物学は育種家にも多大な恩恵をもたらしたのだった。

『種の起源』では、創造論を論破するために進化にまつわる証拠と論理がうまく組み立てられていた。それゆえ、創造論が科学としては認められていない現代からすると、読みにくい点もあるだろう。

一方、他家受精三部作とも呼ぶべき『ランの受精』『植物の受精』『花のかたち』では、あたかも進化論が常識として受け入れられていたかのように、自然淘汰の考えが当然のものとして書き進められている。ダーウィンとしては、創造論に対する真正面からの反論は避けつつも、植物における自然淘汰の美しい実例を列挙することで、「論敵への側面攻撃」を真の目的としていたようだ。人前に出ることを好まないダーウィンは、こうしてダウンハウスでの実験と執筆に後半生を捧げていった。

2 類まれなる実験家

動物のようなモウセンゴケ

『種の起源』が初版された翌年にあたる一八六〇年の夏、ダーウィンはダウンハウスから南に三〇キロほどの、エマの姉が暮らす小さな村を家族で訪れた。そこの湿地には、自宅の周辺では見られない、ねばねばした葉をもつモウセンゴケが生えていた。

すると、モウセンゴケの五六枚の葉のうち、なんと三一枚もの葉に昆虫が捕えられているのを発見した。「世界中のあらゆる種の起源よりもモウセンゴケのことが気にかかります」――ダーウィンの心もすっかりこの食虫植物にトラップされてしまったのだ。サクラソウの花に興味を持ち出したのもこの頃だったから、大著の出版を経て解放され、自然界の生き物の不思議に目が留まるようになっていたのかもしれない。

モウセンゴケとはモウセンゴケ科の植物の一種で、ヨーロッパから北アメリカ、日本などに分布している。葉から多数の腺毛が伸びており、その先端から粘液が出ている。小さな昆虫が粘液に捕えられると、腺毛がゆっくりと動いて獲物全体を包み込む（図4-9）。

当時から、昆虫がモウセンゴケに捕まってしまうことは知られていた。しかし、植物が昆虫を食べている、すなわち昆虫を消化してその養分を吸収しているとは誰も考えていなかったようだ。ましてや、そのアイデアが実験で検証されることなんてなかった。なにせ、光合成して養分を生産するはずの植物が、動物のような消化メカニズムを持っているとは思いつかなかったのだ。

ダーウィンはまず、植物の「動き」を調べるための実験をくり返していく。台所を物色しては、さまざまな固体をモウセンゴケの葉の上に乗せてみた。生肉・木片・紙片・ゆで卵の白身と黄身・ガラス・石ころ・金箔・苔・草・コルク・脱脂綿・丸めた髪の毛・あらゆるグループの昆虫。その中でも、肉や昆虫といった、モウセンゴケの成長に必要な窒素分を含む物体に対しては、腺毛が屈曲してその物体を包囲しつづけた。

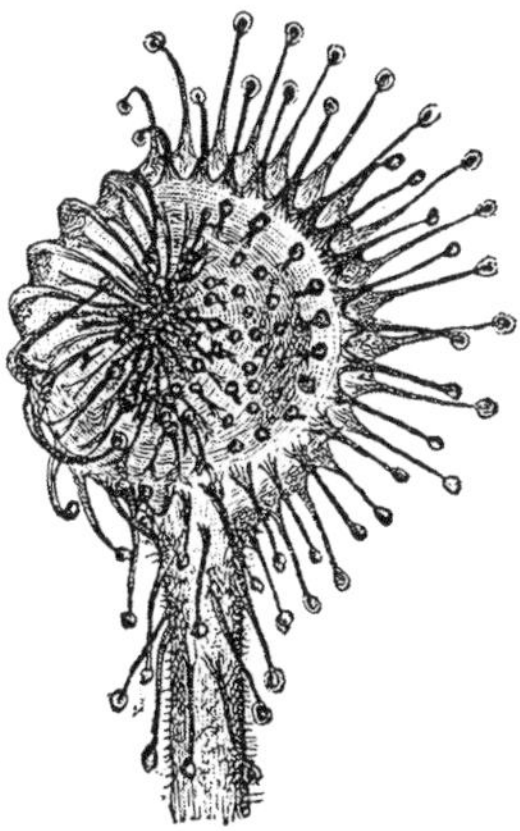
図4-9　**モウセンゴケの葉**
左側の部分はエサに反応して腺毛が屈曲している。

今度は、さまざまな種類の液体をモウセンゴケの葉に滴下してみた。水・砂糖水・ワイン・オリーブオイル・紅茶にはまったく反応なし。野外でも、雨が葉の上に滴り落ちることはよくあるはずだから、いちいちそれに反応していては無駄な動きになってしまう。よって、養分とならない液体に反応しないのは理にかなっているといえるだろう。対照的に、牛乳・生の卵白・(おそらくは自分の)尿・痰・唾液・キャベツの煎じ汁などにはモウセンゴケが鋭く反応した。これらの液体には栄養となる成分がわずかにでも含まれていると考えられる。

それでは、こうして捕まえた獲物を、モウセンゴケはどのように消化しているのだろうか。リトマス試験紙でモウセンゴケの粘液を検査してみると、通常の状態では中性だった。ところが、獲物を捕まえているときには酸性に変わっていた。一八三六年に発見されたタンパク質消化酵素のペプシンは、動物の胃の中の酸性環境でのみ機能する。果たして、モウセンゴケにも動物と同じような消化のメカニズムが備わっているのだろうか。

そこでダーウィンは「決定的な実験」を行なった。まず対照区として、モウセンゴケの葉にエサとなるゆで卵の欠片を与え、水を滴下した。ひとつ目の処理区では、ゆで卵に塩酸を加えて、酸性にした。すると、対照区よりもゆで卵の分解が速く進んだ。ふたつ目の処理区では、ゆで卵に炭酸ナトリウム水溶液を加えて、中性に近づけた。すると、ゆで卵の分解は停止してしまった。この状況で塩酸を加えて酸性に戻してやると、分解が再開した。すなわち、モウセンゴケが獲物を消化するためには酸性の環境が必要であることが証明されたのだった。現在では、ペプシンに似た消化酵素がモウセンゴケの仲間から特定されている。

モウセンゴケを対象にした一連の実験はどれも創意工夫に満ちあふれており、最先端の実験機材というよりは庭や台所でそろう身近な材料が使われた。好奇心のままに進むその研究スタイルは、まるで日本の子供たちの夏休みの自由研究のようだ。ダーウィン自身も、少年の頃に兄と没頭した化学実験のことを思い出していたのかもしれない。わずかな成分にも間違いなく反応するモウセンゴケに対して、「一流の化学者だ」と驚嘆したのだった。

跡を継いだフランシスの献身

『食虫植物』の初版は一八七五年に出版され、即完売。ベストセラー作家ダーウィンの名は、それだけ一般読者にも知れ渡っていたということだ。

その翌年、幼い頃からの研究助手でもあった息子フランシスに子供が産まれた。ダーウィンにとっての初孫だった。

しかし、そんな喜ばしいライフイベントは、一気に深い悲しみへと変わってしまう。フランシスの妻エイミーが、出産の四日後に亡くなってしまったのだ。フランシスは、エイミーとの思い出が残る場所にはとどまることができず、赤ん坊を両親に預けてしばらくダウンハウスを離れることとなった。

それがどれほど悲しいことか、ダーウィン自身も最愛の娘を亡くした経験から共感していた。そして、仕事に没頭することが残された者にとっての慰めになると信じていた。その励ましもあって、数ヵ月後、フランシスはダウンハウスに戻り研究を再開することになる。

ちょうどその頃、『食虫植物』の反響の大きさから、研究に対する批判も湧きあがっていた。モウセンゴケがたしかに獲物を分解していることは解明されたが、植物は本当にその栄養分を吸収して成長に役立てているのか。この重要なピースが埋まっていないままだった。

老いゆくダーウィンに代わってその実験に取り組んだのが、フランシスだった。エイミーを亡くしてから一年後にあたる一八七七年、鉢植えしたモウセンゴケを網で覆って、小さな昆虫さえも入ってこないよう準備した。この網は父ダーウィンが自家受粉の実験を成功させるために入念にこしらえたものだった。

フランシスは、比較のための対照区には何も与えず、処理区には小さな肉片を与えて、植物の成長を比較してみた。すると、肉を与えたモウセンゴケでは葉や花の数が多く、種子も大きくて重かった。つまり、モウセンゴケは葉から得た養分をたしかに自身の成長と繁殖に利用できるのだ。この成果は実験の翌年に論文として発表され、フランシスによる『食虫植物』の改訂版につながっていった。

牧野富太郎が発見した水草

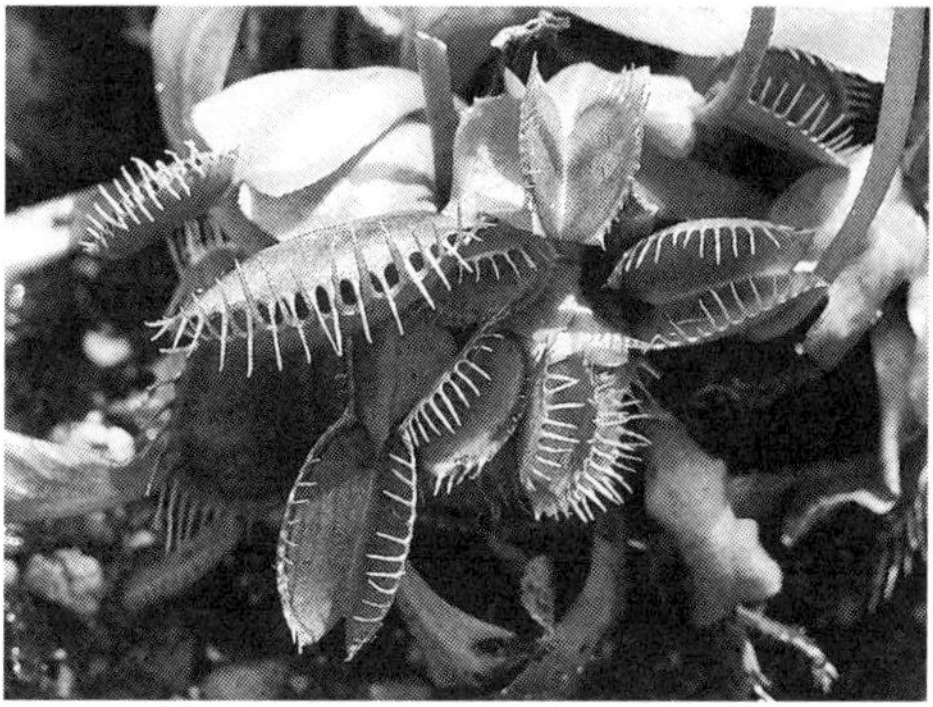

図4－10　ハエトリソウ
ダウンハウスで育てられている。

『食虫植物』ではおもにモウセンゴケを対象にした実験が詳細に記述されているが、例によってほかの種類の食虫植物も紹介されている。

たとえば、ばね仕掛けの罠のようなしくみで獲物を捕えるハエトリソウ（図4－10）。今ではホームセンターなどで普通に販売されているものの、もともとはアメリカ合衆国東部のごく限られた地域の湿地にしか自生しておらず、ヨーロッパでは手に入りにくい食虫植物だった。ダーウィンはフッカーのいるキュー植物園に懇願し、なんとか手配してもらって自宅の温室で観察することができた。

また、ムジナモは「水の中の小さなハエトリソウ」とも呼べる植物で、根で土にしがみつくことはなく、水面近くに浮かんで漂っている水草である。ムジナモの葉は小さい二枚貝のような形になっており、それを使って水中にいるミジンコなどの微小な生物を瞬時に挟みこむ。ムジナモは世界中に分布するものの当時から希少な種類だったため、これまた

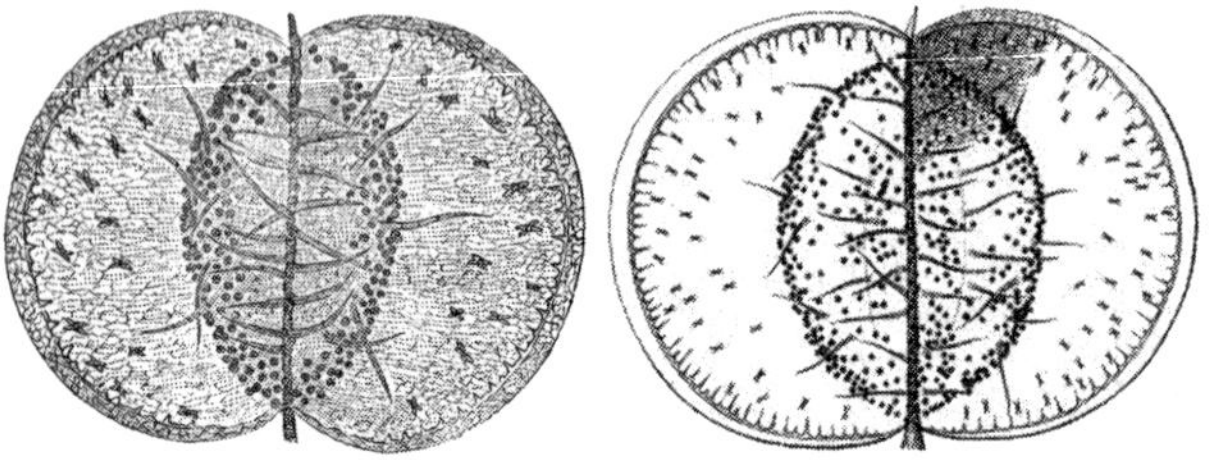

図4－11　ムジナモの捕虫葉
フランシス・ダーウィン（左）と牧野富太郎（右）によるスケッチ。

フッカーを通じてドイツ産のものを供与してもらったほどだった。

日本では一八九〇年（明治二三年）の春、高知出身の植物分類学者・牧野富太郎が、東京の江戸川にある用水池でムジナモを初めて発見した。当時牧野が出入りしていた東京帝国大学の植物学教室には『食虫植物』が所蔵されており、牧野が報告したムジナモの亜種名にはダーウィンが記載した学名が使われている。植物画を得意としていた牧野の図版にあるムジナモの捕虫葉は、『食虫植物』に掲載されているフランシスが描いたスケッチとよく似ている（図4－11）。ダーウィンからバトンを受け継いだ二人が、日英それぞれで顕微鏡を使って克明に観察した様子が想像される。

つる植物の運動を可視化

若き日のダーウィンがアマゾンを探検していたとき、植物のつるが別のつるに「まるで髪を編むように」絡みつく様子を目の当たりにし、その情景をヘンズロー宛ての手紙に書きつづっていた。ダーウィンがつる植物に興味を持ったルーツには、熱帯雨林での鮮烈な印象があったのかもしれない。

つる植物の動きにのめり込んだ直接的なきっかけは、ハーバード大学の植物学者エイサ・グレイとの交流だった。グレイは訪英したときにダーウィンとロンドンで会っていたし、その後はアメリカにおける熱烈なダーウィン支持者のひとりとして、生涯にわたって文通を続けていた。

一八六二年にグレイが植物の巻きひげについての論文を発表すると、すぐさまダーウィンはグレイに手紙を出し、アレチウリなどアメリカ大陸原産のつる植物の種子を送ってもらった。その三年後に出版される『つる植物の運動と習性』の研究はここからスタートする。

つる植物を肉眼で観察するだけでは、静止しているように見える。しかし時間が経つと、いつの間にかつるがさまざまなところに絡みつき、植物は光を求めて上へ上へと成長してゆく。まるで植物は自分の周りが見えており、支えとなる物体を見つけ出しているかのようだ。実際には植物の先端が楕円を描くようにゆっくりと旋回し、支柱やほかの植物に触れると、そこに巻きついてさらに成長を続けるのである。

それでは、こうした植物のゆっくりとした動きを分析するためにはどうすればよいか。一定の間隔で静止画を連続撮影できるタイムラプスカメラなんて存在しなかった時代、ダーウィンは独創的な装置を考え出した。

図4－12上のように、まず、植物の先端に（植物の運動の妨げにならないような）小さい印をつけ、床面から設置した支柱の先には、基準となる印の付いた紙片を固定しておく。そして、植物を上から覗きこんで、ふたつの印が一致した点をガラス板に記録する。時間を置きながらこの作業をくり返すと、図4－12下のように植物の動きを平面上に可視化できるというわけだ。

ここで使われたガラス板には家族とのエピソードがある。娘のヘンリエッタは、ビクトリア朝時代の流行に乗っかって、植物鑑賞のために大きなガラスケースを所持していた。ヘンリエッタが結婚してダウンハウスを離れると、エマがツツジやウツギの花を愛でるためにそのガラスケースを使っていた。植物の栽培には温室があれば十分だったわけだが、ダーウィンはつる植物の動きを観察するために、娘と妻が趣味で愛用していたそのガラスケースを研究に転用したのだった。

『つる植物の運動と習性』には、茎や巻きひげを使ってよじ登っていく植物が一〇〇種以上も掲載されている。まずはじめに登場するのは、ビールの原料でイギリスでよく栽培されているホップ。日本でも馴染みのある植物でいえば、フジ・アケビ・ブドウ・アサガオ・エンドウマメ・キュウリ・カボチャなどの仲間。それぞれの種類で具体的なよじ登り方は異なるものの、そのすべてが光のあるところへ伸びていくという目的のために合理的な習性を進化させていた。

「動物と植物は運動能力の有無という点で区別できるとよく言われている。しかし、〔…〕巻きひげがほとんど完璧に運動するのを見るにつけ、植物はきわめて高度に組織化されていることがわかる」。こうしてダーウィンは、博物学者として植物を収集するだけでなく、植物の行動や習性のメカニズムを解き明かす植物生理学の領域にまで好奇心の触手を伸ばして

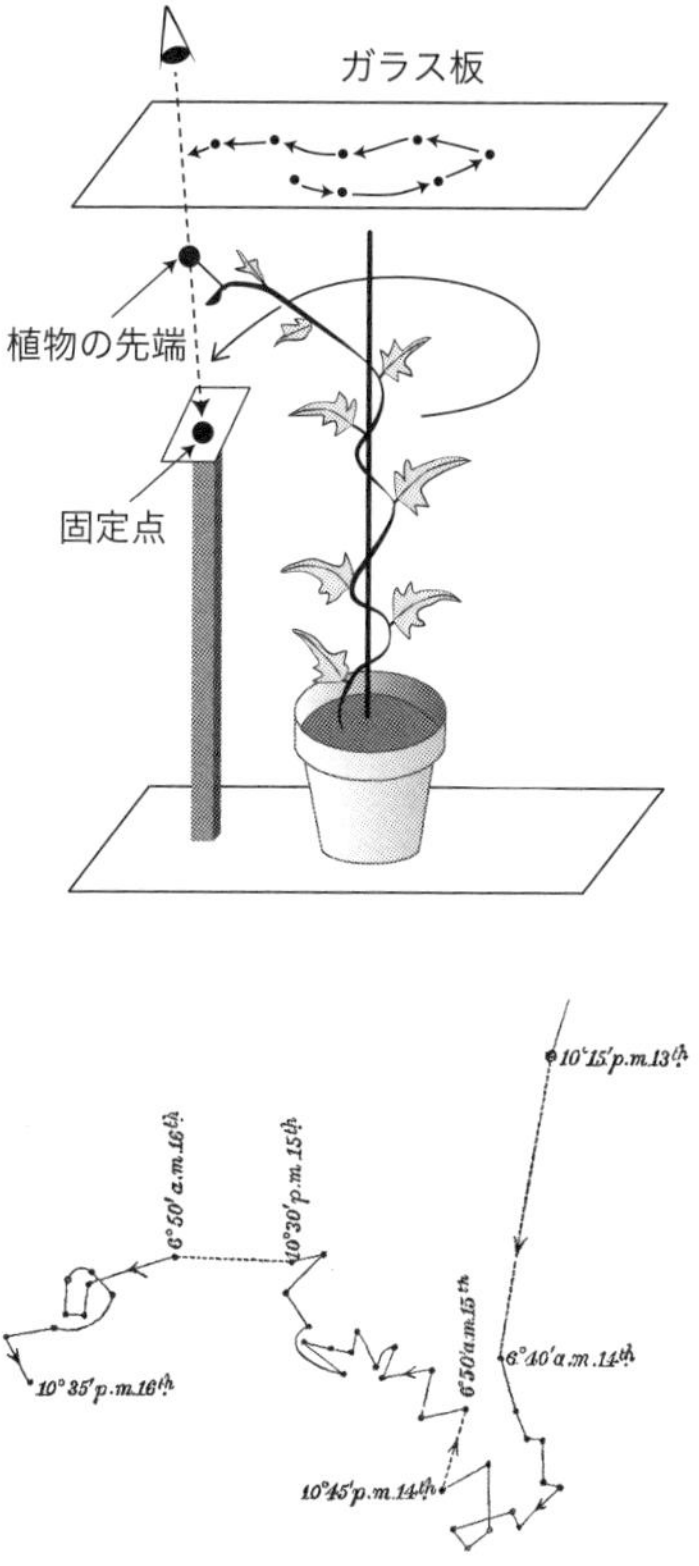

図４－12　**植物の動きを可視化するための装置**
（上）植物の先端と固定された点を結ぶように上から見て、ガラス板に点を描いていく。（下）時間に伴った植物の動きを平面上に図示できる。

いったのである。

植物ホルモン発見のきっかけ

高校生物の教科書には、ダーウィンの名が二度出てくることがある。無論ひとつは進化論のところ。そしてもうひとつは、植物の反応についてのところだ。生物学の中でもこれらふたつの現象はかけ離れた分野のことだから、これらのダーウィンは同一人物なのか別人なのか、疑問に思った生徒もいたかもしれない。

巻きひげからスタートした植物の習性に関する実験は、芽生えや根が光や重力に対してどのように動くのかというテーマに拡大した。つまり、植物の反応にまつわる本質的かつ包括的な研究に発展する。そしてそれは一八八〇年、七一歳のときに出版された『植物の運動力』という大著に結実した。三〇〇種以上の植物が登場する、原著で六〇〇ページを越える力作だ。『変異』や『植物の受精』と同じくその膨大な実例は圧倒的であり、ダーウィン自身も序論で、要約となる最後の章を先に読んでくれて構わないと読者に促すほどだった。『植物の運動力』の中でも科学史にとって重要なのは、植物ホルモンの発見のきっかけを与えた一連の実験である。

植物の芽生えは光が出る方向に曲がっていく。植物は光合成して成長するために光を必要としているので、こうした習性が備わっていれば理にかなっているだろう。反対に、根は光源とは逆の方向に曲がって伸びていく。根は暗い土の中に潜りこむ必要があるので、これもまた合理的なメカニズムであるといえよう。

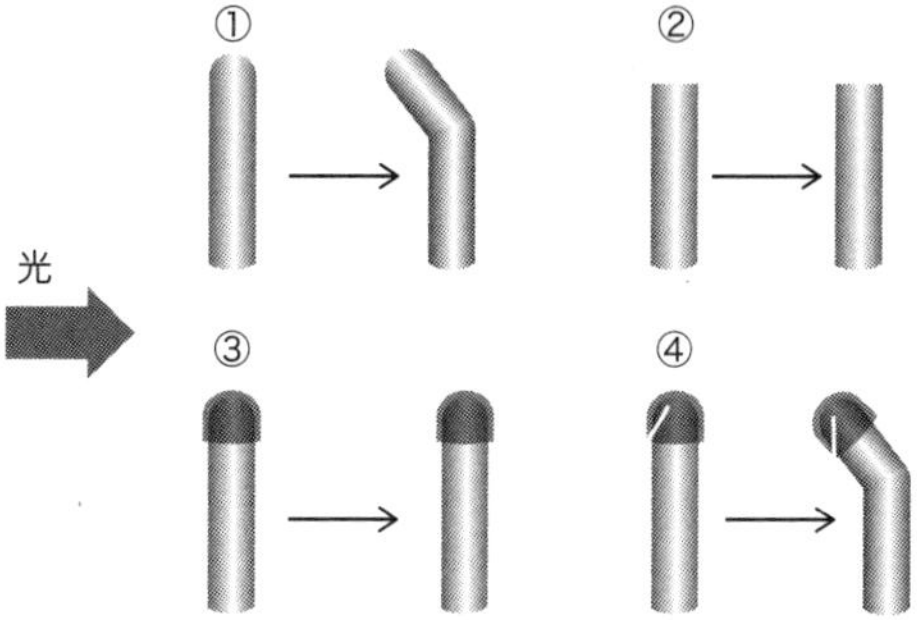

図4－13　クサヨシの芽生えを使った実験
①通常、芽生えは光の方向へ屈曲する。②先端を切除すると、屈曲しない。③先端に黒いキャップをかぶせると、屈曲しない。④黒いキャップに隙間をつけると、屈曲する。

このように、植物も人間や動物と同じように環境に反応して動く。ただし、植物には脳もなければ神経もない。どうやって光の刺激を受け取って、それを行動や成長に移していくのだろうか。

ダーウィンはまず、クサヨシやカラスムギといったイネ科植物を対象に、芽生えの先端部分をごくわずかに切断してみた（図4－13）。すると、芽生えは光に対してまったく屈曲しなくなった。次に、正常な芽生えの先端に（光が届かないように）黒く塗りつぶしたガラス製のキャップをかぶせてみると、これも屈曲しなかった。このキャップの黒い塗料に少しだけ傷をつけて光がわずかに差し込むスリットを作ると、今度は大きく屈曲した。これらの実験で重要なことは、屈曲したのは芽生えの先端そのものではなく、それより下に位置する部分だったことである。

「植物を観察したことがある人なら誰でも、光は屈曲する個所に直接作用するものと思うかもしれないが、〔…〕光で活性化される何らかの物質が上部にあって、それが下部に伝わることを示しているようである」。この結論は、植物が自らの成長をコントロールするために体内で作り出す化合物、すなわち「植物ホルモン」の存在を示唆するものであった。当時、植物がそのような物質を生産しているなんてほとんど想定されていなかったし、実験で検証されることもなかった。

なお、イネ科植物の芽生えを使って植物の反応を調べる実験は、栽培や実験のしやすさもあり、その後各国の研究者に広まった。その中から、植物ホルモンの存在を確証する歴史的な実験も生まれることとなる。飼育や観察のしやすいキイロショウジョウバエが遺伝学の実験対象として二〇世紀に普及したように、こうした「モデル生物」は生物学の進歩に大きな役割を果たす。イネ科植物の芽生えを用いた実験システムを確立したのはダーウィンとフランシスの親子であり、これをもってして植物生理学上の重要な功績とする評価もある。

植物生理学の大御所ザックスとの対立

当時の植物生理学では、光を受けた部分そのものが屈曲して成長するものだと考えられていた。なにせ、植物体内で情報を伝達する植物ホルモンの存在が知られていなかったから、光を感受する部位と実際に屈曲する部位が異なるという「離れ業」は信じられなかったのである。

その植物生理学の第一人者として地位を築いていたのが、ドイツのユリウス・フォン・ザックスであった。ヴュルツブルク大学で植物生理学の研究室を立ち上げたザックスは、最先端の実験機材を完備し、植物生理学の古典となる教科書を著して、多くの門下生を輩出した。明治時代、日本の植物学者も留学に訪れていた。ダーウィンの実験と新しいアイデアは、植物生理学の権威に対する挑戦だった。

一九世紀後半、イギリスでは世界各地から植物を収集することが盛んで、ジェントルマンなどの富裕層がそうした博物学の研究に足を踏み入れることが科学の伝統として受け入れられていた。一方、ドイツでは植物を対象にした厳密な実験科学が勃興しており、ザックスがその中心的な役割を担っていた。

そうした時代背景のもと、ダーウィン父子は大学や研究所に所属することなく、片田舎の自宅で素朴な道具を使いながら実験をくり返していた。博物学を本職とするイギリス人がそのような形で植物生理学に参入してきたことに、ザックスは我慢ならなかったのだろう。ダーウィン父子を「技術も未熟で説明も下手なアマチュア」だとこき下ろした。

フランシスは二度ザックスの研究室を訪れている。しかしその甲斐もなく、ザックスの考えが変わることはなかった。フランシスはヴュルツブルクで、組織化された研究室と高価な実験設備を目の当たりにしたことだろう。ザックスとダーウィン父子の対立は、プロとアマチュアの乖離が広がる生物学の潮目を象徴する出来事だったのかもしれない。

その後、ダーウィン父子と同じような実験を行なって結果を再現したのは、ザックスの門下生だった。学問的な論争はさらなる実験を促し、結果として科学を前進させることになる。現在では、芽生えのみならずさまざまな器官の成長を制御する移動性植物ホルモンとして、オーキシンがさまざまな種類に存在することがわかっている。

3 土を耕すミミズ

ジョスおじさんのメア仮説

時はさかのぼること一八三七年、ダーウィンがビーグル号の航海から帰国した翌年のこと。その旅を後押ししてくれたウェッジウッド家のジョスおじさんが、ダーウィンにおもしろい話をしてくれた。まだエマと結婚する前のことである。

　ジョスおじさんの住むメア屋敷の周りの牧草地では、およそ一〇年前に白い石灰が、そして四年ほど前には黒い石炭殻が撒かれたが、今やその層はもう土の中に隠れてしまっている。ジョスおじさんの解釈では、ミミズの働きによって地下の土が地上へと少しずつ運び出されて、それが長いことくり返されることで石灰と石炭の層が埋もれてしまった、というわけである。ミミズには土を食べて栄養を吸収したあと、その残りを「糞《ふん》塊《かい》」（図４－14）として地面の上に排出する習性がある。

図４－14　**ミミズの糞塊**
ダウンハウスにて。

　ダーウィンは、光の当たらない小さなミミズが大きな働きをするという、ジョスおじさんの「メア仮説」に魅了された。ほんのささいな出来事であってもそれが長きにわたって蓄積されれば、劇的な変化をもたらしうる。それは、ライエル流の地質学の基礎であり、ダーウィン進化論の真髄でもあった。

　一八四二年、ダーウィンはダウンハウスに引っ越すとすぐ、裏庭に続く牧草地に自分で石灰を撒いてみた。将来それがどれくらいの深さまで埋もれてしまうのか観察するためだった。

この牧草地は、子供たちが「石だらけの原っぱ」と呼んでいたように、大小の硬い石ころがところどころに転がっていた。ダーウィンは、大きな石が土に覆われるのを見るまで生きていられるかと思案した。小さなミミズの大きな働きを明らかにするには、人間の一生は短すぎるのかもしれなかった。

しかし、それは杞憂となる。「小さな石は何年もしないうちに見えなくなり、大きな石もしばらくして見えなくなった」のである。ウマが石に邪魔されることなく自由に牧草地を走り回れるほどの変化だった。農民たちは経験的にこのことを知っていて、彼らに言わせてみれば、地面のあらゆるものが「自ら下に潜っていく」のだった。それほどまでに、肥沃な土の層を形成していくミミズの力は大きいのかもしれない。

若い頃にジョスおじさんからインスピレーションを受けたミミズの研究は、その後しばらく中断することになる。それもそのはず、世界周航から帰国したあとは『ビーグル号航海記』のほかにもサンゴ礁と地質学の著作をまとめるのが大きな仕事だったし、八年にわたるフジツボ時代もあった。もちろん、『種の起源』につながる進化論の研究はメインテーマで、それに付随して、家畜と栽培植物、人間の由来と感情、性淘汰に関する情報収集と執筆も続けていた。晩年にかけてのラン・他家受粉・花のかたち・食虫植物・つるの運動を含む植物の研究は、どれもが徹底的な実験によって裏付けられており、ひとりの科学者が一生のうちで抱えきれないほどのプロジェクトにあふれかえっていた。

その間を通じて体調は芳しくなく、療養のために幾度となく研究を中断した。それでも、起床してから手紙を整理し、午前の研究のあとにはサンドウォーク（口絵18）を散歩し、午後は新聞を読んでまた研究に専念したら、夕食後は居間で家族とくつろぐという、規則正しい生活を日々くり返していった。その毎日の中で、小さな仕事の積み重ねが大きな科学成果として実を結んでいった。子供たちは成長し、同じ時間の分だけ自分も老いていき、そしてミミズたちは毎日土の中を耕しつづけていたのだった。

二九年ごしのミミズの実験

ミミズの研究を再開したのは一八七〇年代、ダーウィンが六〇歳代のときである。ミミズが土を掘り出して大きな石を埋めてしまうほどの働きをしているのなら、地面の下にはいったいどれほどの数のミミズが生息していて、どれくらいの量の土を糞塊として地面の上に運んでいるのだろう。

この問いを確かめるために、ダーウィンは忍耐力のいる調査をある方にお願いすることになった。本の中では「ミミズの糞塊を一年間にわたって集めることを申し出てくれたご婦人」と紹介されており、博物学が世間で流行したビクトリア朝時代であってもそんな奇特なボランティア精神をもつ人物がいるのかと思われるかもしれない。そのご婦人とは、ダーウィンの姪にあたるルーシー・ウェッジウッドで、かねてからダーウィンの研究助手として定量的な観察に大きな信頼を寄せられていた。

ルーシーは自宅の近くに調査区を設けて、ミミズの糞塊をひたすら収集しては保存しておいた。一年のうちで数週間ほど家を空けて調査できない日もあったが、それは調査期間を少し延長することで補正した。その結果、乾燥重量として一メートル四方あたり四キログラムもの糞塊が集められたのだった。これは、年間で四ミリメートルほどの厚さに相当する量である。その糞塊が風雨の助けもあって地表に土として堆積していくのだ。

さらに、ミミズの研究は考古学とも結びついていく。ミミズの作用が何百年も続けば、昔の建造物は埋没しているにちがいない。老いゆくダーウィンに代わってイギリス国内にある古代ローマ時代の遺跡を精力的に訪問したのは、息子のウィリアム、フランシス、ジョージ、ホーレスだった。ダーウィン自らも、かのストーンヘンジなどで土壌の調査を行なっている。調査に同行したエマは、夫が熱中症にならないようにと、日傘を差しながらあとを追いかけてゆくのであった。

ジョスおじさんの仮説に触発されてダウンハウスで仕込んでおいた実験については、一八七一年、石灰を撒いてから二九年後に、土が掘り返されることになった。果たして、石灰の層は地表から一八センチメートルほどの深さにあったのだ。つまり、平均すれば年間に六ミリメートルほどの土が積もっていったというわけだ。

若い頃に温めておいた実験の結果を見る瞬間の興奮とは、どれほどのものだっただろう。余生がそう長くないことを悟って、その年に掘り出すことを決心したのかもしれない。

ちなみに、ダーウィンがダウンハウスに撒いた石灰の層がその後どうなっているのか、後世の人々の関心を強く引きつけるところである。一年に六ミリメートルのペースでその後も堆積しつづけていれば、今頃は一メートルほどの深さに位置することになるのだろうか。日本人では、ダーウィン／ウォレス研究で知られる新妻昭夫が一九九四年にダウンハウスを訪れ、現地での協力のもと、牧草地を掘り返す調査を行なっている。広い牧草地の中で、ダーウィンが撒いた石灰の層を掘り当てることはできなかったが、別に撒かれていた黒い石炭殻の層は発見できたそうである。

ダーウィン最後の著作となった『ミミズと土』の最終段落も印象的だ。

広い範囲にある表土のすべてがミミズの体を数年ごとに通過し、またこれからもいずれ通過するというのは、考えてみれば驚くべきことである。鋤《すき》は人類が発明したものの中でもっとも古く、もっとも価値あるもののひとつである。しかし実をいえば、人類が出現するはるか前から、地面はミミズによってきちんと耕され、今も耕されつづけているのである。

これを書きながら、ダーウィンは若い頃にビーグル号の航海で立ち寄ったサンゴ礁の島々を思い返していた。ミミズとサンゴは、どちらも「下等な」動物だと世間から呼ばれているものの、本当は長い年月をかけて大地を作り上げる立役者なのだ。ミミズの研究はダーウィンの余生を埋めるだけのサイドワークだったのではなく、絶えず起こるわずかな変化の蓄積という、ダーウィンが地質学と生物学でもっとも大事にしていた科学信念の表出だったのである。

日本の科学の将来

『ミミズと土』の後には、もう書くべき本は残っていない。かつて好きだった詩や音楽の趣味も失っていた。七〇歳を過ぎてさらに体力は落ちていき（図4－15）、ロンドンやケンブリッジに住む子供たちを訪問するので精一杯。サンドウォークを散歩するのにも杖が必要な

図4－15　**晩年のダーウィン**
ダウンハウスにて。

ほどだった。とはいえ、「事実を大量に寄せ集めて一般法則を作りだす一種の機械になってしまった」と回顧していた通り、老いてもなお科学に取り憑かれたままであった。心の隙間を埋め合わせるように、短めの論文を書きつづけた。

明治期のお雇い外国人として東京帝国大学で教鞭を取っていたアメリカ人のエドワード・モースは、現在の品川区と大田区にある大森貝塚で縄文時代の貝殻や土器を発掘した動物学者として有名である。

一八七七年（明治一〇年）、モースはこうした発見をネイチャー誌で報告していたが、「日本の地理と古生物学に詳しくない人物」から不当な批判を受けていた。そこでモースはその疑念を晴らすべくダーウィンへ手紙を送り、科学界のご意見番よろしく、ダーウィンによる推薦文がネイチャー誌に掲載されたのだった。

ダーウィンが驚いたことに、明治期の日本では、列島各地で貝類を収集してモースの調査にも熱心に協力する動物学者がすでに育ちつつあった。これを知ったダーウィンは、「日本の科学は前途洋々である」と述べた。博物学がその土地の学問の基礎となることを確信していたのだろう。進化論を日本に広めたのはモースだった。

エマは最良の監督だった。ダーウィンが仕事に集中できるよう来客の数を制限し、逆に、ハードワークが過ぎてしまったときには研究を中断させて療養に連れ出した。「研究をやめなければ死んでしまうとしても、好きなだけ研究して死ぬほうが夫にはいいのだと思っています」。エマの理解と支えがあってこそのダーウィンの研究だった。

最期

『種の起源』の初版はダーウィンが五〇歳のときに出版されたので、もう進化論が世に出てから二〇年が過ぎていた。自然淘汰説は受容されつつあったものの、性淘汰、特にメスによるオスの選択については、多くの博物学者が否定的なままだった。そのことがどうしても気がかりだったのだろう。「より正しく表現すると、メスは意識的に選んでいるのではない。〔…〕

私は性淘汰が真実であると確信している」。生前に主張しておくべきことのひとつだった。

度重なる心臓発作は、かねてからの体調不良の延長というより、明らかに最期の時へと近づいていることの予兆だった。父親が昏睡しているとの知らせを聞いて、フランシスとヘンリエッタがダウンハウスに戻ってきた。意識が朦朧《もうろう》とする中、気付けのためのブランデーが口元にそそがれた。

最期はエマの腕の中で、長く弱い息を吐いた。チャールズ・ダーウィンは、一八八二年四月一九日、七三歳でその生涯を閉じた。


当初、家族や地元の人たちは、ダウン村にある教会墓地に埋葬されることを望んでいた。しかし、ゴルトンやラボックなど科学仲間たちによる政治的な働きかけによって、ウェストミンスター大聖堂で国葬される運びとなった。すでにイギリス中の人々から尊敬を集めていたということである。

大聖堂の床にはめこまれた大理石の墓碑は、ニュートンのすぐ近く、イギリスの歴史的英雄たちに並んでいる。そこにはシンプルに、ダーウィンの生誕日と逝去日が刻まれている。

どんな生涯を送ろうとも、いつかはそれぞれの短い一生に終わりが訪れる。それもまた、自然淘汰によって進化した生物の宿命なのだ。

終　章　もしダーウィンが現代に生きていたら

やり残した実験

一八八二年に不帰の客となったダーウィン。もし寿命がもう少し長くて、健康を維持しながらあと一〇年だけでも長く研究できたなら。進化論を思いついたもののフジツボに寄り道し、晩年には植物とミミズに熱中したダーウィンのことだから、その次に何にのめり込んでいくのか想像するのは楽しいし難しい。

それでも、やり残した実験はあった。死去する直前まで気にかけていた性淘汰の研究では、メスがオスを選んでいるというアイデアへの決定的な証拠を出せないままだった。その検証方法は、オスの形質を操作してメスの好みが変化するのか、実験で確かめることである。『人間の由来と性淘汰』の執筆を進めていた頃、ダーウィンはかねてからの協力者だったテゲットマイヤー氏の助けを借りて、オスのハトの羽を赤く染める実験をしていた。また、飼育されているハトだけでなく、野鳥の色彩を操作する実験も試していた。結局どちらもうまくいかず、検証は終了となった。

メスによる選択の実証例として記念碑的な論文が発表されたのは一九八二年のこと。この分野の大家となったマルテ・アンダーソンが、アフリカに生息するコクホウジャクという鳥を対象にオスの尾羽《おばね》を人為的に「切り貼り」し、尾羽の長い個体や短い個体を作り出した。その結果、メスの好みが変化することを証明したのだった。性比とともに性淘汰の理論を残していたロナルド・フィッシャーの業績が浸透していったこともあり、性淘汰の研究は二〇世紀の終盤になってようやく盛んになる。

もしダーウィンがメスの好みに関する実験に成功していたなら、この分野の研究はずっと早く進んだだろうか。もしくは、時代を先取りしすぎた成果としてなお受け入れられずに、実際にたどった歴史と同じような道をまた歩んだだろうか。

不愉快なミステリー

性淘汰のほかにも、ダーウィンの生前には解消しきれなかった思い残しがあった。それは、花を咲かせる被子植物の繁栄にまつわる謎である。

恐竜が闊歩していた時代の地球では、植物といえばシダや裸子植物の仲間が優占していた。

ところが、白亜紀中期（およそ一億年前頃）になると、被子植物の種類が爆発的に増加し、現在に至っている。被子植物の誕生と繁栄は、地球の歴史からすると非常に短い期間の出来事だった。

なぜダーウィンにとって被子植物の繁栄という事実が解せなかったのか。それは、漸進的な進化という彼の信条に反するようなパターンだったからだ。進化は徐々に生じるので、急速に種が生まれることはないはず。フッカーへの手紙で思わず、「不愉快なミステリー」と書きつづった。

ちなみに、今の植物学者のあいだでダーウィンの「不愉快なミステリー」といえば、白亜紀の急速な種分化という特定の問いだけでなく、被子植物の起源や初期の進化史に関する全般的な問いに対して使われているようだ。進化学者はダーウィンが残したとされる問いを解き明かしたいから、いつの間にかオリジナルの問いが拡大解釈されてきたのかもしれない。

はじめダーウィンは、南半球のどこかに被子植物の揺籃の地となる知られざる大陸があったのではないかと空想した。そこで古くから被子植物の種分化が始まっていない限り、白亜紀中期になっていきなり被子植物が世界中で増えたことを説明するのが難しかった。しかしそんなアイデアは「どうしようもなく惨めな憶測」だとも認めていた。

とはいえ、ダーウィンは解決の糸口に近づいていた。それは、丹念に調べていた花と昆虫の相互作用に関連する仮説だった。

進化論の支持者でもあったフランスの古生物学者ガストン・サポルタは、(ダーウィンのように未知の古い大陸を仮定することなく)被子植物の爆発的な種分化が短い期間に実際に起きたとした。その上でサポルタは、植物と昆虫が互いに影響を与えあいながら新しい種が次々と誕生していったと考えた。つまり、被子植物の繁栄における共進化の重要性を初めて指摘したのである。

サポルタの仮説は、ランの花の仕掛けが花粉を運ぶ昆虫の行動にうまく対応していることにも通ずる。サポルタと文通していたダーウィンは「素晴らしいアイデア」だと激賞し、その励ましもあって、サポルタはのちの著書でその仮説を世に披露した。

植物と昆虫の相互関係が何らかの形で種分化につながっているという考えは、今では大方の進化生物学者に受け入れられている。その考えを支えるテクノロジーとしては、DNAの情報をもとに種が分岐した順序や年代を推定し、進化の歴史を定量的に分析できるようになったことが大きい。

そう、植物の系統関係を知りたかったダーウィンやフッカーにしてみればうらやむようなツールを現代の私たちは手にしているのである。願わくば、彼らと一緒に巨大な分子系統樹を眺めてみたいものだ。『種の起源』では仮想的に描写された系統樹が、いまや現実の生物の系統関係を反映した形で無数に生まれつづけているのである。

解き放たれたブラックボックス

サポルタのアイデアのような素晴らしい仮説を聞いたときはいつも、ダーウィンはなぜ自分では気づけなかったのだろうかという思いに駆られた。それは、論理的思考を得意とするダーウィンの自負の現れでもあるし、シンプルで納得のいく新説に対する敬意でもあっただろう。

とはいえ、当時の手持ちの知見では到底想像もできなかったことが、現在の生物学では解明されている。特に、ネオダーウィニズム（ダーウィン進化論とメンデル遺伝学の統合）と分子生物学の発展が結びつくことによって、進化や遺伝に関する物質的な基盤が明らかになっている。

DNAの塩基配列が「暗号」となってアミノ酸の生成を指示すること、DNAの二重らせん構造が情報を複製するための絶妙なしくみであること、ごく稀に生じてしまう突然変異が多様性の源泉であること。

もしダーウィンがこれらの分子メカニズムを知ったのなら、神秘的な生命現象に確固たる物質的な説明が与えられたことに対して感動したにちがいない。それと同時に、遺伝のしくみやそれを司る物質が何であれ（たとえば、アミノ酸の種類を指定するＤＮＡの暗号が現在のシステムとは異なっていたとしても）、自分が提唱した自然淘汰によって進化が生じうることに納得して安堵したことだろう。

さらに近年では、塩基配列の解読技術（シーケンス）の飛躍的な発展によって、進化生物学が次のステージに移っている。これまでは、ある形質が遺伝して進化するものであっても、その形質のもととなる遺伝子が何百万文字と続く塩基配列のどこに位置するのか、ほとんどの場合不明であった。そのため、行動生態学の研究プログラムとしては、遺伝子の正体を「ブラックボックス」のままにしておいて、目に見えるような形質の役割について調べられてきた。それでも進化の研究としては多くの実りがあったし、技術的な限界からそうせざるをえなかったのであった。

ところがいまや、シーケンスの効率が（文字通り）桁違いに向上し、遺伝子の特定が次々に進んでいる。それは、マウスなどのモデル生物や私たち人間だけでなく、博物学者が興味を持つようなさまざまな野生生物にも当てはまる。つまり、進化をもたらす遺伝子の変異を単に仮定するのではなく、動かぬ証拠として手にすることができるようになったのである。

もちろん、ある形質はさまざまな遺伝子の影響を受けることもあるし、生得的にすべて決まるのではなくて生まれ育つときの環境によっても影響されるので、いつも簡単に遺伝子と形質の対応関係を特定できるわけではない。とはいえ、シーケンス技術は今後ますます発展し、安価になって普及していくと予想される。ダーウィンが築いた進化生物学という巨大な城には、今もこれからも、世界中の研究者によってひとつずつレンガが積み上げられていくことだろう。

最後に――私たちと進化論

進化論は、ダーウィンひとりの天才性ですべて解決したわけではなかった。その土台には一九世紀までの地質学と生物学の歴史があったし、ダーウィンが相手の身分を問わずコミュニケーションに積極的だったことは本書で見てきた通りである。

ガラパゴス諸島でフィンチを見たとたんに進化論を思いついたというのは俗説だ。実際には、世界中のさまざまな生き物の生態や地質学の知見をもとに、人口増加や分業といった経済学の論理が組み合わさって、ようやく人類がたどり着いた叡智である。革命的なアイデアは一瞬にして天から降ってきたのではなく、地道で泥くさい道のりを踏みしめていく必要があったのだ。

それでは現代において、私たち一人ひとりはどのようにして生物学に貢献したり関わっていくことができるだろうか。科学技術がますます高度化するにつれて、生物学は手の届きにくいものになっていくのだろうか。

筆者は、テクノロジーの発展は科学と市民の距離を近づけるチャンスになっていると感じている。博物学関連でいえば、最近では生物の分布や多様性についての情報がインターネットを通じて一般市民からも広く集積されつつある。市民科学と呼ばれるこの趨勢《すうせい》は、プロとアマチュアの距離がずっと近かったビクトリア朝博物学への再帰であるかのようだ。こうして科学や科学者が今までよりもずっと身近な存在になるポテンシャルはあるだろう。

そんな時代だからこそ、遺伝や多様性の知見を正しく判断するための進化リテラシーが求められる。私たちの社会は科学とともに歩んでいくしかないので、科学の技術や思想の間違った応用を常に監視すると同時に、人類に貢献できる知見を受け入れていく必要がある。そうすれば、市民と科学の両者にとって実りあるフィードバックが成立していくだろう。市井の人たちとの文通がダーウィンの思考を支えていったように。

あとがき

ダーウィンに関する書籍はこれまでにも数多く出版されており、「ダーウィン産業」と呼ばれるほどである。とりわけ、生誕二〇〇年と『種の起源』の初版から一五〇年にあたる二〇〇九年には多くの論文が出版され、世界各国でさまざまなイベントが開催された。

そこでこれから自分が伝記を書くとしたら、科学史家ではなく進化生態学者の立場からダーウィンの研究と人間性の魅力を伝えたいと思った。そのため、本書では起きた出来事を単に時系列で並べていくというよりは、壮大なパラダイムに到達するまでに必要な経験と考え方をひとつずつ紹介していくことを重視した。

一方で、地質学や心理学といった分野については、専門的な見地から評価できたわけではない。また、同じ生物学者といえども、ダーウィンの生涯や進化論に対する捉え方はさまざま存在する。それらの点については、各人の中にあるそれぞれの「ダーウィン伝」に今後も期待したい。科学の進展に伴い、過去の洞察が新たな視点から解釈されていくことだろう。

本書の執筆にあたり、後藤龍太郎博士には原稿全体にわたってコメントをもらいました。三船恒裕博士と福島健児博士は、それぞれ心理学および植物学の立場から助言してくれました。村山雅史博士からはサンゴ礁の形成に関連して海洋学について教わりました。ルッツ・ヴァッサータル博士とロウラ・ケリー博士からはそれぞれランとセイランの羽の写真を快く提供してもらいました。どうもありがとうございました。

二〇二三年五月、本書の取材を兼ねてイギリスを訪問した際には、山本直行氏、片桐成章氏、グラハム・フライ卿から多大なご支援をいただきました。昆虫学者エドガー・ターナー博士と古生物学者デビッド・ノーマン博士のご好意により、ケンブリッジ大学を特別に見学することができました。ここに御礼申し上げます。ダウンハウス近くの丘で一面に咲き誇るサクラソウを眺めていると、ダーウィンとひとつ自然体験を共有できたような気がして、感動的でした。

中公新書編集部の胡逸高氏には終始お世話になりました。私が配信していたポッドキャスト番組「すごい進化ラジオ」で胡氏がダーウィンについてのエピソードを聞いてくれたことをきっかけに、本書の企画が始まりました。また、前著『すごい進化』の編集者であった藤吉亮平氏からも引きつづき励ましをいただきました。

最後に、本書の執筆は高知での家族との楽しい思い出とともに進みました。子供たちが大きくなったらこの本を手にとってほしいと思います。

鈴木紀之

style-length dimorphism in primroses. *eLife* 5:e17956
Kohn D et al. (2005) What Henslow taught Darwin. *Nature* 436:643–645
Kutschera U & Briggs WR (2009) From Charles Darwin's botanical country-house studies to modern plant biology. *Plant Biology* 11:785–795
Makino T (1893) Notes on Japanese plants, XIX. *The Botanical Magazine* 7:285–286
Micheneau C et al. (2009) Orchid pollination: from Darwin to the present day. *Botanical Journal of the Linnean Society* 161:1–19
新妻昭夫（2000）『ダーウィンのミミズの研究』福音館書店
Thompson K (2018) *Darwin's Most Wonderful Plants*. Profile Books
Wasserthal LT (1997) The pollinators of Malagasy star orchids *Angraecum sesquipedale*, *A. sororium*, and *A. compactum* and the evolution of extremely long spurs by pollinator shift. *Botanica Acta* 110:343–359
Weller SG (2009) The different forms of flowers – what have we learned since Darwin? *Botanical Journal of the Linnean Society* 160:249–261
Whippo CW & Hangarter RP (2009) The "sensational" power of movement in plants: A Darwinian system for studying the evolution of behavior. *American Journal of Botany* 96:2115–2127

終　章

Friedman WE (2009) The meaning of Darwin's "abominable mystery". *American Journal of Botany* 96:5–21

第4章

Barrett SCH (2010) Darwin's legacy: the forms, function and sexual diversity of flowers. *Philosophical Transactions of the Royal Society B: Biological Sciences* 365:351–368

Darwin C (1862) *On the Various Contrivances by which British and Foreign Orchids are Fertilised by Insects*. Murray（邦訳：正宗嚴敬訳〔1939〕『蘭の受精』白揚社）

Darwin C (1875) *On the Movements and Habits of Climbing Plants*. Murray（邦訳：渡辺仁訳〔1991〕『よじのぼり植物』森北出版）

Darwin C (1868) On the specific difference between *Primula veris*, Brit. Fl. (var. *officinalis* of Linn.), *P. vulgaris*, Brit. Fl. (var. *acaulis*, Linn.), and *P. elatior*, Jacq.; and on the hybrid nature of the common Oxlip. With supplementary remarks on naturally produced hybrids in the genus *Verbascum*. *Botanical Journal of the Linnean Society* 10:437–454

Darwin C (1875) *Insectivorous Plants*. Murray

Darwin C (1876) *The Effects of Cross and Self Fertilisation in the Vegetable Kingdom*. Murray（邦訳：矢原徹一訳〔2000〕『植物の受精』文一総合出版）

Darwin C (1877) *The Different Forms of Flowers on Plants of the Same Species*. Murray（邦訳：石井友幸訳〔1950〕『花のかたち』改造社）

Darwin C (1880) *The Power of Movement in Plants*. Murray（邦訳：渡辺仁訳〔1987〕『植物の運動力』森北出版）

Darwin C (1881) *The Formation of Vegetable Mould, through the Action of Worms, with Observations on their Habits*. Murray（邦訳：渡辺弘之訳〔1994〕『ミミズと土』平凡社）

Darwin F (1878) Experiments on the nutrition of *Drosera rotundifolia*. *Botanical Journal of the Linnean Society* 17:17–31

Drouin JM & Deroin T (2010) Minute observations and theoretical framework of Darwin's studies on climbing plants. *Comptes Rendus Biologies* 333:107–111

Edens-Meier R & Bernhardt P (2014) *Darwin's Orchids*. University of Chicago Press

Gilmartin PM (2015) On the origins of observations of heterostyly in *Primula*. *New Phytologist* 208:39–51

Huu et al. (2016) Presence versus absence of CYP734A50 underlies the

The American Naturalist 151:564–569
Ekman P (2009) Darwin's contributions to our understanding of emotional expressions. *Philosophical Transactions of the Royal Society B* 364:3449–3451
Ekman P (2015) *Darwin and Facial Expression*. Malor Books
Evans LT (1984) Darwin's use of the analogy between artificial and natural selection. *Journal of the History of Biology* 17:113–140
Firkins JME & Kelley LA (2022) Does shading on great argus *Argusianus argus* feathers create a three-dimensional illusion? *Biology Letters* 18:20220393
Frith CB (2016) *Charles Darwin's Life with Birds*. Oxford University Press
Gardner A (2023) The rarer-sex effect. *Philosophical Transactions of the Royal Society B* 378:20210500
Ghiselin MT (1973) Darwin and evolutionary psychology: Darwin initiated a radically new way of studying behavior. *Science* 179:964–968
Kottler MJ (1980) Darwin, Wallace, and the origin of sexual dimorphism. *Proceedings of the American Philosophical Society* 124:203–226
Kunte K (2008) Mimetic butterflies support Wallace's model of sexual dimorphism. *Proceedings of the Royal Society B: Biological Sciences* 275:1617–1624
Lorch M & Hellal P (2010) Darwin's "Natural science of babies". *Journal of the History of the Neurosciences* 19:140–157
新妻昭夫（2010）『進化論の時代』みすず書房
大崎直太（2009）『擬態の進化』海游舎
Paulsen MJ & Smith ABT (2010) Revision of the genus *Chiasognathus* Stephens of southern South America with the description of a new species (Coleoptera, Lucanidae, Lucaninae, Chiasognathini). *ZooKeys* 43:33–63
Richards E (2017) *Darwin and the Making of Sexual Selection*. University of Chicago Press
篠田謙一（2022）『人類の起源』中央公論新社
Wallace AR (1897) *Darwinism*. Macmillan & Co（邦訳：長澤純夫・大曾根静香訳〔2008〕『ダーウィニズム』新思索社）
van Wyhe J & Kjærgaard PC (2015) Going the whole orang: Darwin, Wallace and the natural history of orangutans. *Studies in History and Philosophy of Biological and Biomedical Sciences* 51:53–63

333:99–106
Diamond J (2002) Evolution, consequences and future of plant and animal domestication. *Nature* 418:700–707
北村雄一（2009）『ダーウィン『種の起源』を読む』化学同人
三浦慎悟（2018）『動物と人間』東京大学出版会
Pauly D (2004) *Darwin's Fishes*. Cambridge University Press（邦訳：西田睦・武藤文人訳〔2012〕『ダーウィンフィッシュ』東海大学出版会）
Reznick DN (2010) *The Origin Then and Now*. Princeton University Press（邦訳：垂水雄二訳〔2015〕『21世紀に読む「種の起源」』みすず書房）
Secord JA (1981) Nature's fancy: Charles Darwin and the breeding of pigeons. *Isis* 72:163–186
Shapiro MD et al. (2013) Genomic diversity and evolution of the head crest in the rock pigeon. *Science* 339:1063–1067
Tokeshi M (1999) *Species Coexistence*. Blackwell Science
Townshend E (2009) *Darwin's Dogs*. Frances Lincoln（邦訳：渡辺政隆訳〔2020〕『ダーウィンが愛した犬たち』勁草書房）
Vorzimmer PJ (1969) Darwin's "Questions about the Breeding of Animals" (1839). *Journal of the History of Biology* 2:269–281
Wada S et al. (2012) Snails can survive passage through a bird's digestive system. *Journal of Biogeography* 39:69–73
山口寿之（1986）「蔓脚類に見られる性的多型現象」『地学雑誌』95:56–72

第3章

Darwin C (1871) *The Descent of Man, and Selection in Relation to Sex. vol I*. Murray（邦訳：長谷川眞理子訳〔1999〕『人間の進化と性淘汰Ⅰ』文一総合出版）
Darwin C (1871) *The Descent of Man, and Selection in Relation to Sex. vol II*. Murray（邦訳：長谷川眞理子訳〔2000〕『人間の進化と性淘汰Ⅱ』文一総合出版）
Darwin C (1872) *The Expression of the Emotions in Man and Animals*. Murray（邦訳：浜中浜太郎訳〔1931〕『人及び動物の表情について』岩波書店）
Darwin G (1875) Marriages between first cousins in England and their effects. *Journal of the Statistical Society of London* 38:153–184
Edwards AWF (1998) Natural selection and the sex ratio: Fisher's sources.

Biology 19:R937–R938
Sulloway FJ (1982) Darwin and his finches: The evolution of a legend. *Journal of the History of Biology* 15:1–53
Sulloway FJ (2009) Tantalizing tortoises and the Darwin—Galapagos legend. *Journal of the History of Biology* 42:3–31
Thurman HV (1993) *Introductory Oceanography 7th edition*. Macmillan
Veitschegger K et al. (2018) Resurrecting Darwin's Niata—anatomical, biomechanical, genetic, and morphometric studies of morphological novelty in cattle. *Scientific Reports* 8:1–11
Wulf A (2015) *The Invention of Nature: Alexander von Humboldt's New World*. Knopf（邦訳：鍛原多恵子訳〔2017〕『フンボルトの冒険』NHK出版）

第2章

網谷祐一（2020）『種を語ること、定義すること』勁草書房
Beatty J (1982) What's in a word? Coming to terms in the Darwinian revolution. *Journal of the History of Biology*. 15:215–239
Castilla JC (2009) Darwin taxonomist: Barnacles and shell burrowing barnacles. *Revista Chilena de Historia Natural* 82:477–483
Colp R (1972) Charles Darwin and Mrs. Whitby. *Bulletin of the New York Academy of Medicine* 48:870–876
Darwin C (1854) *A Monograph of the Sub-class Cirripedia, with Figures of All the Species. The Balanidae, (or Sessile Cirripedes); the Verrucidae*. Ray Society
Darwin C (1859) *On the Origin of Species*. Murray（邦訳：渡辺政隆訳〔2009〕『種の起源』光文社）
Darwin C (1868) *The Variation of Animals and Plants under Domestication. vol I*. Murray（邦訳：永野為武・篠遠喜人訳〔1938〕『家畜・栽培植物の變異 上』白揚社）
Darwin C (1868) *The Variation of Animals and Plants under Domestication. vol II*. Murray（邦訳：篠遠喜人・湯淺明訳〔1939〕『家畜・栽培植物の變異 下』白揚社）
Darwin C (1878) Transplantation of shells. *Nature* 18:120–121
Darwin C (1882) On the dispersal of freshwater bivalves. *Nature* 25:529–530
Deutsch J (2010) Darwin and barnacles. *Comptes Rendus Biologies*

of the Royal Society of Medicine 77:608–609

Darwin C (1839) *The Zoology of the Voyage of H.M.S. Beagle. Part II Mammalia.* Smith, Elder & Co

Darwin C (1841) *The Zoology of the Voyage of H.M.S. Beagle. Part III Birds.* Smith, Elder & Co

Darwin C (1842) *The Structure and Distribution of Coral Reefs*. Smith, Elder & Co

Darwin C (1845) *Journal of Researches into the Natural History and Geology of the Countries Visited during the Voyage of H.M.S. Beagle round the World*. Murray（邦訳：荒俣宏訳〔2013〕『新訳 ビーグル号航海記』平凡社）

Dawson WR et al. (1977) A reappraisal of the aquatic specializations of the Galapagos marine iguana (*Amblyrhynchus cristatus*). *Evolution* 31:891–897

Gibson E (1915) Some notes on the Niata breed of cattle (*Bos taurus*). *Proceedings of the Zoological Society of London* 85:273–277

Hamley KM et al. (2021) Evidence of prehistoric human activity in the Falkland Islands. *Science Advances* 7:eabh3803

Heller E (1903) Papers from the Hopkins Stanford Galapagos expedition, 1898–1899, XIV. Reptiles. *Proceedings of the Washington Academy of Science* 5:39–98

Herbert S (1986) Darwin as a geologist. *Scientific American* 254:116–123

Ladd HS et al. (1953) Drilling on Eniwetok atoll, Marshall islands. *Bulletin of the American Association of Petroleum Geologists* 37:2257–2280

Lister A (2018) *Darwin's Fossils*. Smithsonian Books

Marquardt KH (1998) *HMS Beagle: Survey Ship Extraordinary*. Conway Maritime Press

本川達雄（2008）『サンゴとサンゴ礁のはなし』中央公論新社

Navarro JL & Martella MB (2002) Reproductivity and raising of Greater Rhea (*Rhea americana*) and Lesser Rhea (*Pterocnemia pennata*)—A review. *Archiv für Geflügelkunde* 66:124–132

Orrego F & Quintana C (2007) Darwin's illness: a final diagnosis. *Notes and Records of the Royal Society* 61:23–29

Rosen BR (1982) Darwin, coral reefs, and global geology. *BioScience* 32:519–525

Slater GJ et al. (2009) Evolutionary history of the Falklands wolf. *Current*

参考文献

全　体

Allan M (1977) *Darwin and his Flowers*. Faber & Faber（邦訳：羽田節子・鵜浦裕訳〔1997〕『ダーウィンの花園』工作舎）

Barlow N (1958) *The Autobiography of Charles Darwin 1809-1882*. Collins（邦訳：八杉龍一・江上生子訳〔2000〕『ダーウィン自伝』筑摩書房）

Costa JT (2017) *Darwin's Backyard*. W W Norton & Co

Darwin Correspondence Project (2008) Darwin Correspondence Project (https://www.loc.gov/item/lcwaN0003811/)

Desmond A & Moore J (1991) *Darwin*. Michael Joseph（邦訳：渡辺政隆訳〔1999〕『ダーウィン』工作舎）

Desmond A & Moore J (2009) *Darwin's Sacred Cause*. Penguin Books（邦訳：矢野真千子・野下祥子訳〔2009〕『ダーウィンが信じた道』NHK出版）

Eldredge N (2005) *Darwin: Discovering the Tree of Life*. W W Norton & Co（邦訳：長谷川眞理子・長谷川寿一・相馬雅代訳〔2012〕『ダーウィンと現代』麗澤大学出版会）

松永俊男（2009）『チャールズ・ダーウィンの生涯』朝日新聞出版

van Wyhe J (2002) The Complete Work of Charles Darwin Online (http://darwin-online.org.uk/)

八杉竜一（1950）『ダーウィンの生涯』岩波書店

序　章

千葉聡（2023）『ダーウィンの呪い』講談社

平野博之（2022）『物語 遺伝学の歴史』中央公論新社

長田敏行（2017）『メンデルの軌跡を尋ねる旅』裳華房

米本昌平、橳島次郎、松原洋子、市野川容孝（2000）『優生学と人間社会』講談社

第１章

Austin JJ et al. (2013) The origins of the enigmatic Falkland Islands wolf. *Nature Communications* 4:1552

Bernstein RE (1984) Darwin's illness: Chagas' disease resurgens. *Journal*

図版出典

図4-11　左：『食虫植物』(Wikimedia Commons)。右：Makino T (1893) Notes on Japanese Plants, XIX. *The Botanical Magazine* 7:285–286

図4-12　上：Drouin JM & Deroin T (2010) Minute observations and theoretical framework of Darwin's studies on climbing plants. *Comptes Rendus Biologies* 333:107–111をもとに筆者作成。下：『植物の運動力』の図版をもとにケー・アイ・プランニング作成

図4-13　ケー・アイ・プランニング作成

図4-15　Darwin Correspondence Project

ほかは筆者撮影、筆者作成である

図1－10　HMS Beagle: *Survey Ship Extraordinary (Anatomy of the Ship)* p. 46 の図版を引用。Owen Stanley 画。State Library of New South Wales 所蔵
図1－11　ケー・アイ・プランニング作成
図2－1　Wikimedia Commons
図2－2　Wikimedia Commons
図2－3　Wikimedia Commons
図2－4　Darwin (1854) *A Monograph of the Sub-class Cirripedia* の図版を引用し、筆者作成
図2－6　Courtesy of the National Portrait Gallery, London / Encyclopædia Britannica https://www.britannica.com/biography/Alfred-Russel-Wallace/images-videos#/media/1/634738/15117
図2－7　『家畜と栽培植物の変異』の図版を引用し、筆者作成
図2－10　『種の起源』の図版を引用し、筆者作成
図3－1　Wikimedia Commons の図版を引用し、筆者作成
図3－2　『人間と動物における感情の表出』の図版を引用
図3－3　『人間と動物における感情の表出』の図版を引用し、筆者作成
図3－4　Wikimedia Commons の図版を引用し、筆者作成
図3－5　『人間の由来と性淘汰』の図版を引用し、筆者作成
図3－6　Darwin C (1874) *The Descent of Man, and Selection in Relation to Sex. volII 2nd ed.* Murray の図版を引用
図3－7　ケー・アイ・プランニング作成
図3－8　ケー・アイ・プランニング作成
図4－1　ケー・アイ・プランニング作成
図4－2　『ランの受精』の図版。Wikimedia Commons の図版を引用し、筆者作成
図4－3　『ランの受精』の図版を引用
図4－5　『ランの受精』の図版を引用し、筆者作成
図4－6　『植物の受精』邦訳52頁、表17のデータをもとに筆者作成
図4－7　Huu et al. (2016) Presence versus absence of CYP734A50 underlies the style-length dimorphism in primroses *eLife* 5:e17956. の図版を引用し、筆者作成
図4－8　Takos AM & Rook F (2012) Why biosynthetic genes for chemical defense compounds cluster. *Trends in Plant Science* 17:383–388 の図版を引用し、筆者作成
図4－9　『食虫植物』の図版を引用

図版出典

口絵7　https://earthobservatory.nasa.gov/images/76791/cocos-keeling-islands

口絵8　*The Structure and Distribution of Coral Reefs* の図版を引用し、筆者作成

口絵11　Darwin C (1854) *A Monograph of the Sub-class Cirripedia* の図版を引用し、筆者作成

口絵12　Paulsen MJ & Smith ABT (2010) Revision of the genus *Chiasognathus* Stephens of southern South America with the description of a new species (Coleoptera, Lucanidae, Lucaninae, Chiasognathini). *ZooKeys* 43:33–63の図版。Creative Commons

口絵13　Laura Kelley 博士提供。Firkins JME & Kelley LA (2022) Does shading on great argus *Argusianus argus* feathers create a three-dimensional illusion? *Biology Letters* 18:20220393

口絵14　Lutz Thilo Wasserthal 博士提供。Wasserthal LT (1997) The pollinators of Malagasy star orchids *Angraecum sesquipedale*, *A. sororium*, and *A. compactum* and the evolution of extremely long spurs by pollinator shift. *Botanica Acta* 110:343–359

図序－2　Wikimedia Commons

図1－1　*HMS Beagle: Survey Ship Extraordinary (Anatomy of the Ship)* p. 46 の図版を引用

図1－2　*Darwin's Fossils* p. 15 の図版を引用。Natrural History Museum Vienna 所蔵

図1－3　ケー・アイ・プランニング作成

図1－6　Darwin C (1841) *The Zoology of the Voyage of H.M.S. Beagle. Part III Birds.* Smith, Elder & Co

図1－7　左：Gibson E (1915) Some notes on the Niata breed of cattle (*Bos taurus*). *Proceedings of the Zoological Society of London* 85:273–277
右：Veitschegger K et al. (2018) Resurrecting Darwin's Niata—anatomical, biomechanical, genetic, and morphometric studies of morphological novelty in cattle. *Scientific Reports* 8:1–11 より引用し、一部修正

図1－8　Darwin C (1839) *The Zoology of the Voyage of H.M.S. Beagle. Part II Mammalia.* Smith, Elder & Co

1859	『種の起源』（初版）出版
1862	『ランの受精』出版
1865	『つる植物の運動と習性』出版
1868	『家畜と栽培植物の変異』出版
1871	『人間の由来と性淘汰』出版
1872	『種の起源』（第六版）出版
	『人間と動物における感情の表出』出版
1875	『食虫植物』出版
1876	『植物の受精』出版
1877	『花のかたち』出版
1880	『植物の運動力』出版
1881	『ミミズと土』出版
1882	73歳で死去

ダーウィン 関連年表

年	出来事
1809	イギリス、シュルズベリーで生誕
1817	母スザンナが死去
1825	エジンバラ大学医学部に入学
1827	ケンブリッジ大学に入学
1831	ビーグル号で世界周航へ出発
1835	ガラパゴス諸島に上陸
1836	キーリング諸島（ココス諸島）に上陸
	イギリスに帰国
1837	ロンドンに引っ越し
1839	エマ・ウェッジウッドと結婚
	『ビーグル号航海記』出版
	長男ウィリアム誕生
1841	長女アン誕生
1842	『サンゴ礁の構造と分布』出版
	家族でダウンハウスに引っ越し
1843	ヘンリエッタ誕生
1845	ジョージ誕生
1846	フジツボの研究に着手
1847	エリザベス誕生
1848	フランシス誕生
	父ロバート死去
1850	レオナルド誕生
1851	ホーレス誕生
	長女アンが十歳で死去
1853	ロイヤルソサエティからメダルの授与
1858	ウォレスのテルナテ論文が到着
	リンネ学会にて進化論の共同発表

鈴木紀之（すずき・のりゆき）

1984年神奈川県横浜市生まれ．専門は進化生態学，昆虫学．博士（農学）．2007年京都大学農学部卒業，12年京都大学大学院農学研究科博士課程修了（農学博士）．立正大学地球環境科学部助教，米カリフォルニア大学バークレー校研究員などを経て，18年より高知大学農林海洋科学部准教授．ポッドキャスト番組「すごい進化ラジオ」がJAPAN PODCAST AWARDS 2021 Spotify NEXTクリエイター賞を受賞．

著書『すごい進化──「一見すると不合理」の謎を解く』（中公新書）
『博士の愛したジミな昆虫』（岩波ジュニア新書，共編著）
『繁殖干渉 理論と実態』（名古屋大学出版会，分担執筆）

ダーウィン
中公新書 *2813*

2024年7月25日発行

著　者　鈴木紀之
発行者　安部順一

本文印刷　三晃印刷
カバー印刷　大熊整美堂
製　　本　小泉製本

発行所　中央公論新社
〒100-8152
東京都千代田区大手町 1-7-1
電話　販売 03-5299-1730
　　　編集 03-5299-1830
URL https://www.chuko.co.jp/

Published by CHUOKORON-SHINSHA, INC.
Printed in Japan　ISBN978-4-12-102813-6 C1240

中公新書

自然・生物

s1

2305 生物多様性 本川達雄
2414 入門！進化生物学 小原嘉明
2433 すごい進化 鈴木紀之
2763 「利他」の生物学 鈴木正彦 末光隆志
1647 言語の脳科学 酒井邦嘉
2731 物語 遺伝学の歴史 平野博之
2793 化石に眠るDNA 更科 功
2736 ウイルスとは何か 長谷川政美
2656 本能―遺伝子に刻まれた驚異の知恵 小原嘉明
1709 親指はなぜ太いのか 島 泰三
1087 ゾウの時間 ネズミの時間 本川達雄
2419 ウニはすごい バッタもすごい 本川達雄
2677 エビはすごい カニもすごい 矢野 勲
2790 ウマは走る ヒトはコケる 本川達雄
2759 都会の鳥の生態学 唐沢孝一

2788 生き物の「居場所」はどう決まるか 大崎直太
2693 カラー版 クモの世界―糸をあやつる8本脚の狩人 浅間 茂
2539 カラー版 虫や鳥が見ている世界―紫外線写真が明かす生存戦略 浅間 茂
2259 カラー版 スキマの植物図鑑 塚谷裕一
2174 植物はすごい 田中 修
2328 植物はすごい 七不思議篇 田中 修
2491 植物のひみつ 田中 修
2644 植物のいのち 田中 修
2732 森林に何が起きているのか 吉川 賢
2572 日本の品種はすごい 竹下大学
2735 沖縄のいきもの 盛口 満
1769 苔の話 秋山弘之
939 発 酵 小泉武夫
2408 醤油・味噌・酢はすごい 小泉武夫
2672 南極の氷に何が起きているか 杉山 慎
2813 ダーウィン 鈴木紀之